欢乐数学营

微积分的奇幻旅程

[日] 大上文彦◎著
张诚◎译

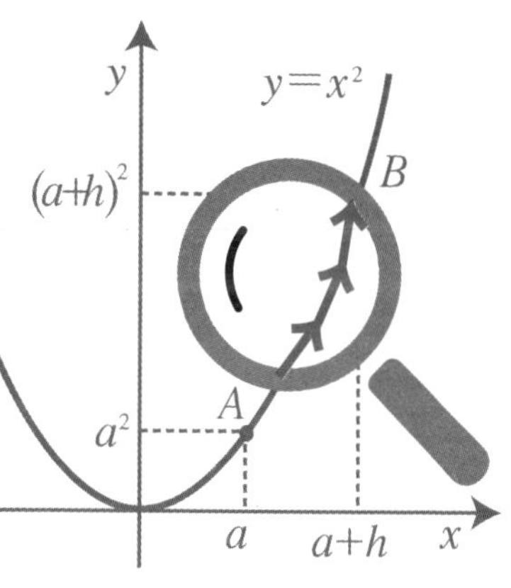

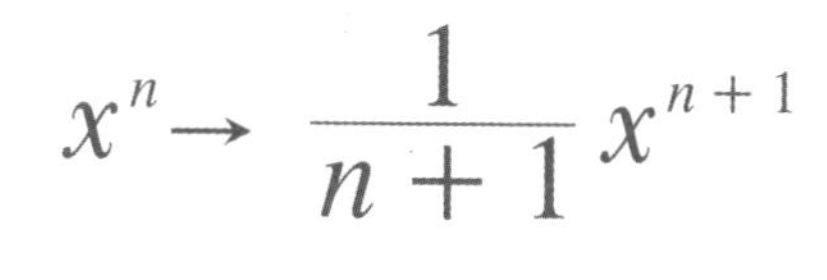

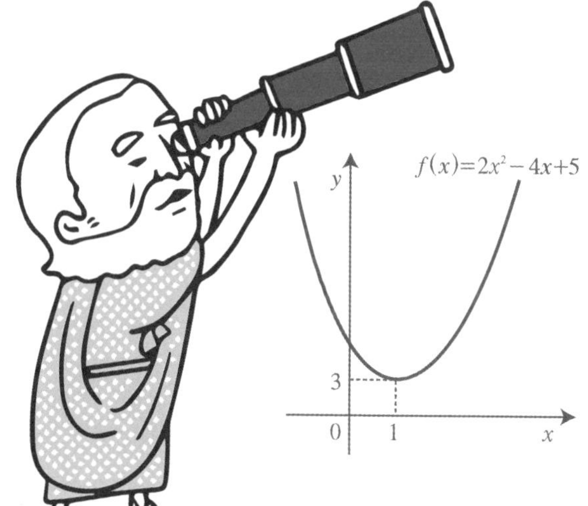

$$f'(a)=\lim_{h\to 0}\frac{(a+h)^2-a^2}{h}=2a$$

$$f'(x)=\lim_{h\to 0}\frac{f(x+h)-f(x)}{h}$$

人 民 邮 电 出 版 社
北 京

内容提要

“苹果有 3 个，蜜橘有 3 个，两边‘同样’是 3 个。但‘苹果’与‘蜜橘’并不相同，如何能视为‘同样’呢？”

数学是一门十分重要的学问，怎样将如此重要的学问表现得直观、形象呢？教科书和习题集上是满满当当枯燥的文字、难懂的公式，犹如一堆没有灵魂的音符，这实在让人遗憾。

本书作者巧妙地将图像和数学概念结合在一起，演奏了一曲华美的乐章。与考试和编程中使用的微积分知识相比，本书的内容相对简单，但不失趣味地揭示了微积分“细细切分、密密汇集”的思想，并十分形象地讲述了最值、极限、斜率、函数等知识。

奇幻旅程开始啦！

编者说明

本书是从日本引进版权的图书，书中配图皆为示意图，与原版书一致，如直线的斜率等虽有不太精确之处，但不影响读者阅读。此为作者有意为之，旨在告诉读者，在描绘图示时抓住图像的特征，解决实际问题即可，不必锱铢必较。

序言

“苹果有 3 个，蜜橘有 3 个，两边‘**同样**’是 3 个。”这种简单的数数连 3 岁孩子都会。但是，其中的内涵可不简单。“苹果”与“蜜橘”并不“**同样**”。将“3 个苹果”与“3 个蜜橘”视为“**同样**的 3 个”，其中自有深意。

只专注于“3”这个数字，将苹果与蜜橘视为“同样”，这就是所谓的“抽象化”。抽象化思考是人类独有的能力，数学又是抽象化到极致的学问，复杂起来少有人能解。然而，数学教科书和习题集上满满当当都是抽象的文字，犹如美妙的乐曲，乐谱上只见一堆音符。没有旋律作为载体，堆砌的音符就称不上乐曲；同样，没有算式这一工具，人们就看不懂数学。

要理解数学，就得知道数学问题的直观形象是什么，这是重中之重。本书阐述的就是微积分到底是在做什么。

与考试和编程中使用的微积分相比，本书的内容相对简单，但是已经充分触及了微积分的精妙内核。微分是“格物细分”，积分是“细细切分，密密汇集”。虽然本书的内容比较简单，但是它们的用途很广泛。如果可以真正理解，读者就能在形形色色的事物中发现它们的不同表现。请一定读读本书这个“特别之处”。

微积分的入门书很多，主题相同，书的内容自然相似。谁也不知道智慧之神何时能眷顾我们，甚至还有人存在“以其昏昏，使人昭昭”的情况。读者没必要理解所有的说明，知道是什么就好了。所谓数学高手并非无所不知的天才，他们只是懂得对不懂的主题换个方法试试，换本书看看，换个人问问，不断提高自己的水平。如果本书能对你在数学方面的进步有一点帮助，那就太好了。

大上丈彦

目录

第2章 理解微分 —— 27

第3章 理解积分 75

第 1 章

微积分的产生

微积分的印象

$f(x)=2x+2$

x^2

π $\int$ a b 3

$\frac{dy}{dx}$ 2

01 天体观测时代的前沿学问
微积分的由来

缘起观星

微积分学是从观星活动中产生的。现如今，太空飞行、火星探测等科学技术在不断发展，以前没有微积分学，人们可不知道星星的动态。那时要想了解星星的运行轨迹可谓非常困难，要汇集海量数据，拼出轨迹点。轨迹点的计算乃是当时最先进的学问，少有人能掌握。但是，自从**艾萨克·牛顿**（Isaac Newton，1643—1727）与**戈特弗里德·威廉·莱布尼茨**（Gottfried Wilhelm Leibniz，1646—1716）发明了微积分学，即使是大学生也能用它来计算并掌握星星的动态。

在此之后，微积分学渐渐被用于物理学等众多领域中，来研究细微现象。

理解微积分

我们知道，微积分是 300 多年前最前沿的数学，但它现在已经出现在中学数学里，这乃是时代的进步。微积分的应用范围非常广泛，不限于数学，经济学等很多学科也在使用。

但是，为什么说微积分是数学的“鬼门关”呢？因为它而厌恶数学的人也挺多。这到底是因为教课的老师不好，还是因为听课的学生没能好好准备？读过这本书后，读者一定要理解微积分的解题思路，以摆脱数学上的困扰。

微积分的诞生

微积分缘起

在微积分被发明之前，星星的动态都是通过望远镜观察到的。

天体观测的时代
使用望远镜观星

牛顿、莱布尼茨登场

微积分的发明
演进成通过计算了解星星的动态

时光流逝……

现代
用计算机观星

现代也用到宇宙飞船来观星

形形色色的场景都在应用微积分。

02

微积分入门难的原因

中学课程何其难哉

中学学的是微积分基础

很多人都是在中学开始接触微积分，本书正是围绕中学生的微积分学习范围来讲解的。如今，微积分在各种各样的领域都有应用。这意味着它是所谓的“万物之元”。削皮刀与菜刀相比，菜刀就是削皮刀的“元”，就是基本款，应用范围也更广泛。

为何那么难

微积分明明是一门基础学科，为何那么多人望而却步呢？大概是因为看到数字和式子铺天盖地，莫名其妙的符号密密麻麻吧。基于数字和式子的写法其实是很有说服力的。例如，考虑“一件物品 50 元，买 4 件要多少钱”这个问题，通过计算 $50\times4=200$ 就得出“200 元”的结论。最初和最后的描述都有“实际含义”，而中间的算式没有。没有实际含义的原因是含义没法写出来。实际上，我们在看到“$50\times4=200$”来做判断时，想到的是“啊，就是每件 50 元的物品买 4 件的意思嘛”。但是，在中学和大学的课上，中间过程的算式很长，我们很容易就忘记了算式的含义。看到那样的算式，我们就觉得它只是数字和符号的罗列。

真正重要的不是仅关注算式，而是不要忘记初始设定。

中学的微积分知识

中学的微积分

微积分是我们在中学时代学的非常难的学科之一。

为何那么难

中学时……

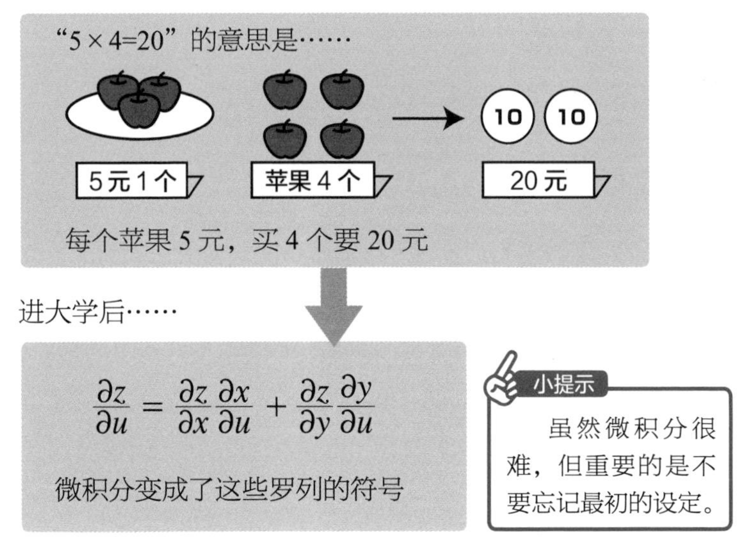

03

从苹果衍生出万般花样的天才

发明者简介①

苹果是出发点

牛顿在微积分的发明上功勋卓著，其声名之盛，物理学上都有以他的名字命名的单位。牛顿见到苹果从树上落下，领悟了万有引力定律的故事，无人不知、无人不晓。

据说，牛顿刚过 20 岁就发明了微积分学。苹果的轶事也是那时的传说。

因为最初写的关于光的论文不被采纳，牛顿对论文的公开发表异常慎重，所以关于微积分的论文大概在 20 年后，他 40 多岁时才发表。牛顿关于微积分的思路被称为流数法，跟现在中学使用的符号略有差别。现在的符号经过了莱布尼茨和**约瑟夫·路易斯·拉格朗日**（Joseph-Louis Lagrange，1736—1813）的简化。在我国，牛顿的符号不是主流，但是在德国通用牛顿的符号。

牛顿有关微积分的思路在运动定律上有很广泛的应用。

百年长跑

因为牛顿时代创立的微积分一般人无法理解，所以后人根据**莱昂哈德·欧拉**（Leonhard Euler，1707—1783）和拉格朗日等人的研究，花了 100 年的时间将其整合成了我们现在使用的微积分。

功臣

牛顿

艾萨克 · 牛顿

简介

1643 年—1727 年，生于英国，物理学家、数学家、哲学家。

分析光谱，发现了万有引力定律并发明了微积分，奠定了现代科学的基础。此外，他还发明了牛顿式反射望远镜，为天文学的进步也做出了贡献。

牛顿的思路

被称为流数法

使用 $\dot{x}$、$\ddot{x}$ 等符号

传说牛顿因看到苹果落地而发现了万有引力，实际上这一结果离不开牛顿长期的研究工作。

04

发明微积分符号的全能天才

发明者简介②

微分积分，符号为根

莱布尼茨乃是与牛顿同时期发明微积分的人物。莱布尼茨发表关于微积分的论文的时间比牛顿发明微积分学的时间晚了 10 年。但是，因为牛顿发明微积分之后 20 年内都没有发表论文，所以莱布尼茨的论文反而早问世 10 年。这引发了不少纷争。

莱布尼茨的微积分学的思路跟牛顿的迥然不同。

莱布尼茨着意于“符号”，便捷易懂的符号是推动各个领域进步的力量。在音乐领域，据说西洋音乐因为非常便于复制乐谱而突飞猛进，在数学上也是如此。

符号之父

现在主流使用的微积分学的符号是莱布尼茨的方案，**积分符号**“∫”就是其中之一。在微积分学大发展的时代，牛顿在英国、莱布尼茨在欧洲大陆各放异彩。莱布尼茨的发明推进了欧洲大陆微积分学的发展。如今，中学生也能理解微积分了。

功臣

莱布尼茨

戈特弗里德·威廉·莱布尼茨

简介

1646 年—1716 年，生于德国，以哲学家、数学家、科学家扬名，也是政治家和外交官。

在数学上的功绩有：与牛顿不同的微积分方法、微积分符号方案、逻辑计算的创始人、柏林科学院的创设人等。

莱布尼茨的思路

微分 $\dfrac{\mathrm{d}y}{\mathrm{d}x}$、$\dfrac{\mathrm{d}x}{\mathrm{d}t}$ 等

$\dfrac{\mathrm{d}y}{\mathrm{d}x}$ 是指 y 对 x 求微商（译者注：微分是指 $\mathrm{d}y=f'(x)\,\mathrm{d}x$，微商是指 $\mathrm{d}y/\mathrm{d}x$，两者略有不同）；$\dfrac{\mathrm{d}x}{\mathrm{d}t}$ 是指 x 对 t 求微商。

积分 $\int$（函数）

函数放在 $\int$ 后，称为对这个函数求积分。

主流上的微积分符号是莱布尼茨之作，现在中学里采用的大都是这一记法。

05

谁先发明了微积分?

发明者之争

势同水火

上文我们介绍了牛顿与莱布尼茨，这两人可谓针锋相对。他们同时发明了微积分学，究竟谁拔头筹？两人为了这个争执不休。牛顿是发明微积分学在先、发表论文在后，莱布尼茨是发明微积分学在后，但比牛顿先发表论文。

本该是谁先发表论文谁就是发明者，但是批评声浪涌起，说“莱布尼茨的微积分学是沾了牛顿的光”。为此，莱布尼茨向英国皇家学会提出了异议。传出流言的原因跟莱布尼茨的工作有关。莱布尼茨还从事计算机的研发，在他担任外交官期间，因为计算机的研发工作受到英国皇家学会的邀请，成为英国皇家学会的会员。那个时候，他很有可能就读过牛顿的论文。

不公平的审查

既然关乎当时英国皇家学会的会长牛顿，审查就没法公平。因此，二人的论战一直持续到莱布尼茨去世。

后来，因为莱布尼茨与牛顿对微积分研究的侧重点不同，人们最终认定两人用不同的方法分别发明了微积分。

劲敌

牛顿 VS 莱布尼茨

比赛结果

牛顿 VS **莱布尼茨**

牛顿：
- 万有引力的发现
- 光谱分析
- 微积分的发明
- 英国皇家学会会长
- 反射望远镜的发明
- 《自然哲学的数学原理》

莱布尼茨：
- 微积分的发明
- 计算机的发明
- 柏林科学院首任院长
- 《单子论》

延长赛

因为牛顿的身份，所以之前的评判不够公平。在今天看来，两位都是微积分的发明者。

06 目虽不及，暗中发力

理解微积分

微积分在哪里?

如今，**物理学、化学、生物学、经济学**等领域都在使用微积分。

但是，若说不懂微积分就不能乘坐飞机、高铁，可没这回事。然而，没有微积分就造不出高铁，由于风险很大，很多人也不敢乘飞机。原因是，飞机的飞行原理用到了微积分。也就是说，在看不到的许多地方，微积分得到了广泛应用，并暗中发力支撑着我们的生活。

数学是一门“语言”

与外国人交流，必须用英语之类的语言。问路、自我介绍等，如果只是比手画脚，总算不上娓娓交谈。在把英语翻译成汉语时，有容易翻译的单词，也有难以翻译的单词。遇到难以翻译成汉语的外语词汇……干脆造个新词吧。

数学也是同样的道理。“单价 100 元的东西，买 3 个就是 300 元”翻译成数学语言就是 $100\times3=300$。但是，复杂的生活语言写成数学语言就难了。将微积分加入到数学中，相当于拓展了数学语言的使用范畴。虽然算式看起来枯燥无味，理解此道之人却反复琢磨其“原始含义”是什么，把其含义用图形进行可视化展现。

微积分学在现代科学中的地位

微积分涉及的领域

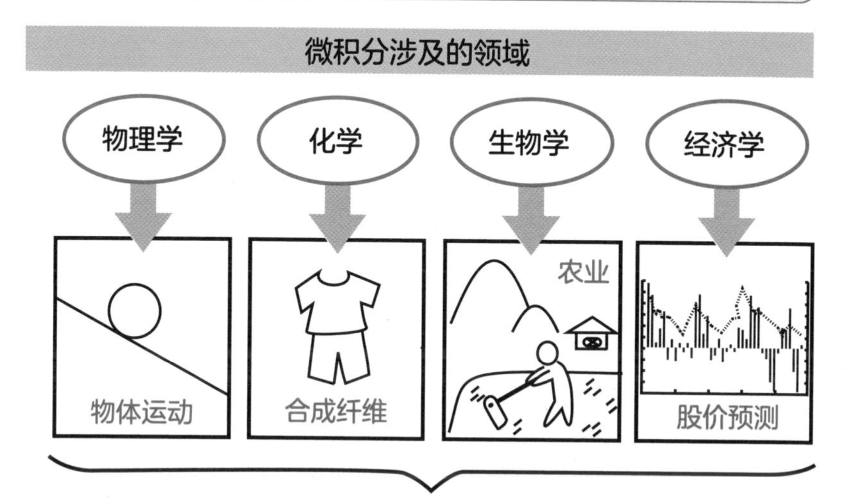

这里面全都用到了微积分

数学是门语言

学了微积分，就可以扩展词汇量，翻译数学语言了。

（* 译者注：此为左边符号的读法。）

07

微分与积分，谁先诞生？

出现的顺序与学习的顺序

观历史，积分在前

在初学微积分时，大部分是先学微分，后学积分。本书也是按同样的顺序介绍的。但是，就历史而言，是积分先诞生的。在古埃及时代，虽然还没有关于积分的著述，但已经产生了积分的思路。那时，人们为了公平分割土地，用到了对微元求积分的思路。

简述一下关于微分的思路：求某个量的变化率就是微分，但是不容易用图像表达。现在，速度等是很常用的概念，也很容易表达，但速度是无法用眼睛看到的。与此相反，积分是为了求面积而产生的，很容易用图像表达。

教微分，先易后难

然而，为何中学是由微分教起的呢？答案很简单，微分虽说思路和形象都难于理解，但是比积分易于计算。如果不用微分的计算方法，连简单的积分也算不出来。因为中学教学专注于计算方法，毫无趣味可言，所以好多人厌恶微积分，十分可惜。

谁先谁后？

微分与积分，哪个好理解？

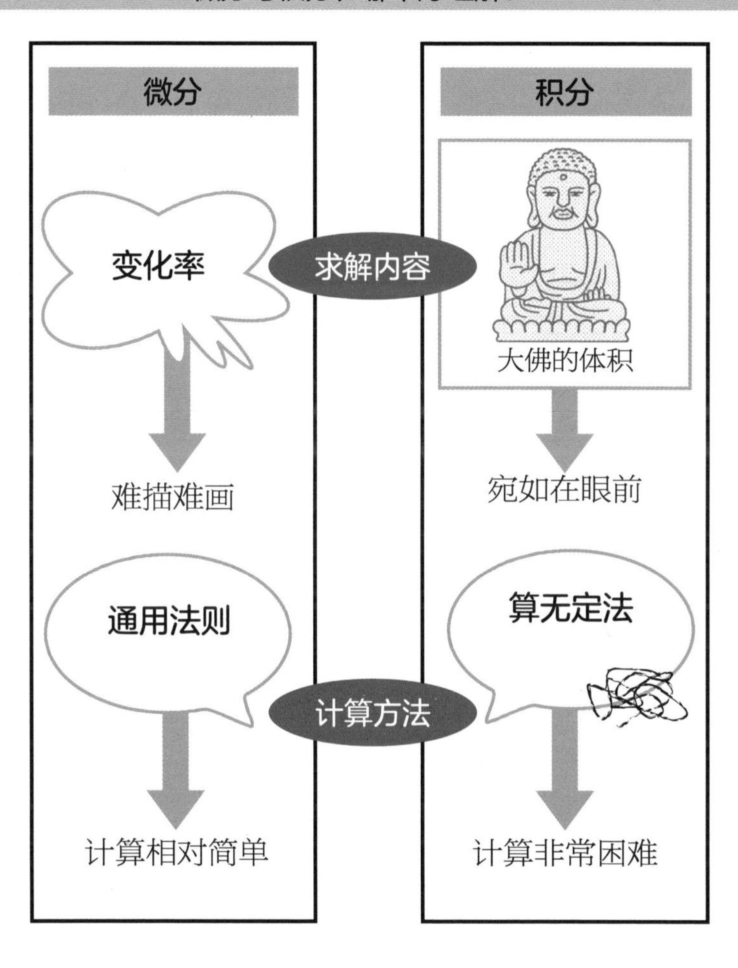

检查！ 因为微分比积分好算，所以学校里就先教微分后教积分。

08 由细化而深思
图解微分

“格物细分”，就是微分

到此，我们已经见识了微积分的产生，在本章的最后，我们将要展示微积分本来的样子。首先是微分，微分的“微”，即“格物细分而考量”，就是把东西细细地划分。

比如说时间和距离，都是如此。想想我们每天在看的电视、手机、计算机的屏幕，无论多么漂亮的画面，放大了之后都是光点的集合。

一般来说，某个点和旁边的点的颜色是近似的。考虑到相邻的点颜色相似的状况，把“大多数情况下相邻点的颜色相似”这件事应用到把图形压缩到合适尺寸的技术中，就是所谓的“图像压缩”。

颜色迥异，就是轮廓

很多图像遵循“相邻点的颜色相似”这一原理。但是也存在“相邻点的颜色完全不同”的情况，这就需要用到“轮廓提取”的技术。有的点跟相邻点的数值算下来差距很大，也就是说颜色有很大变化，我们就可以说“这里是轮廓”。

这个虽然不是微分的严格定义（严格定义下微分得细分到无穷小，实际上没法分那么细），但是“细分之中，提取性质，加以处理”，这就是微分的思路。

考察细分中的“差距”

黑白图像的行程编码压缩

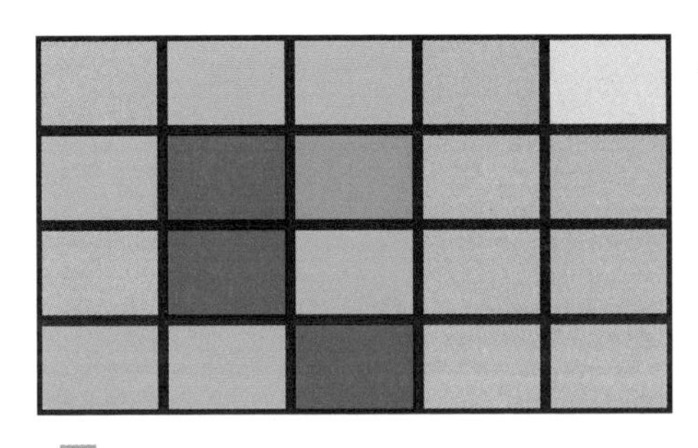

颜色编码 12534676

12534677

⋮

颜色相似，颜色编码也相似

不记录全部点的颜色编码，而记录相邻颜色编码的“差距”

大幅压缩存储量

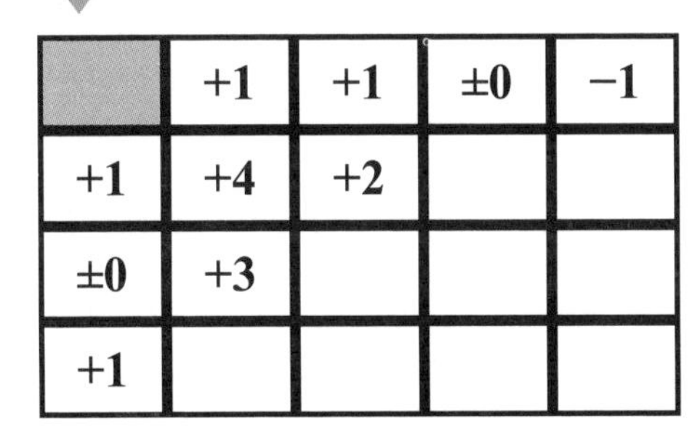

“细细切分，密密汇集”的思路

图解积分

“细细切分，密密汇集”就是积分

关于积分，后文我们会谈到“积分是微分的逆运算”的说法。微分是“细细切分”，积分就是“密密汇集”。但积分又不仅仅是汇集，也用到了微分和集合理论。

求解正方形和圆形的面积，我们可以根据数学里学习到的公式立刻求解出来。但是，如果把校园当成一幅巨大的画，这幅画的面积又怎么测算呢？

“不规则图形”的面积是多少？

如果图形不是简单的几何形状，如数码相机拍出来的照片，它的面积是多少呢？先把“我们认为很大的图形”用相纸（如边长10cm的正方形相纸）拍摄下来，跟做微分时一样，把照片扩大成一个一个光点。这么一扩大，就知道某个点是在图形内部还是外部了。

然后，数一数图形内部点的个数。再把“我们认为很大的图形”里点的个数换算成面积，就能求出不规则图形的面积了。点划分得越细，精度就越高，这也是理所当然的。这种“把点合并计数”的做法就是积分。看，细细切分之后又密密汇集了。

从“细细切分”到“密密汇集”

以我们所知的很大的东西为研究对象

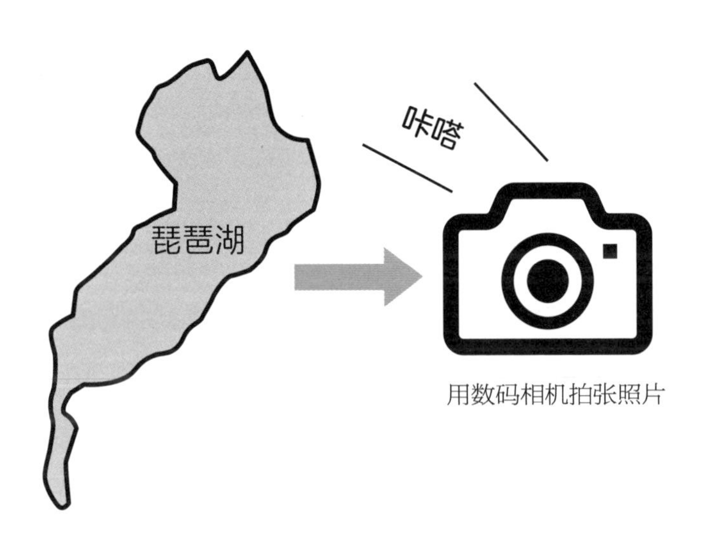

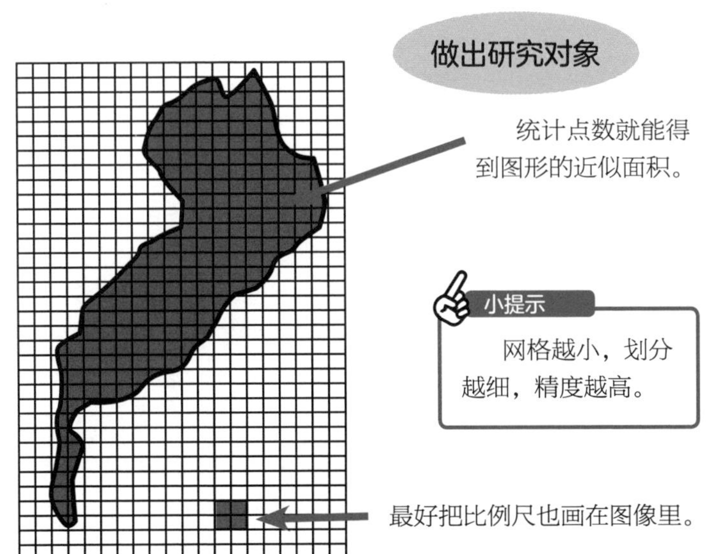

小提示

网格越小，划分越细，精度越高。

专栏

求微分时，我们在细分什么

动画片《哆啦A梦》里机器猫哆啦A梦（动画片《哆啦A梦》的主角）的道具“导航信标”是一个手持的玩具，上面贴着画有方向的印记，一启动就出发。本书就是把“前进”“右转”“前进”依次贴上，规划路线，导航到美少女静香（《哆啦A梦》的女主角）面前。多么有趣的道具！我就是这么想的。其实，这个把“往静香家的路线”细分成“前进”“右转”之类的过程，就相当于“微分”。微分，意思是“把东西细细划分”，这里细分的“道路”换言之就是“每时每刻位置的变化”。反过来，把印记上“每时每刻的变化”合并到一起拼成“往静香家的路线”的过程，就相当于“积分”。

在现实生活中，像这种梦幻般的道具一样，“印记一贴，手持身往”毕竟还是不可能的。但是，给人佩戴上感应器，记录“每时每刻（速度和方向）的变化”，给机器人载入程序，沿街行驶，这些技术现在已经实现了。那么，只凭“每时每刻的变化”就能导航到静香家了吗？不，“出发点在哪儿、出发时朝向哪个方向”，这些条件还没设定呢。这些“最初是什么样”的假设就是“初始条件”。根据“初始条件”和“每时每刻的变化”就能得出路线。这种场景下，若是初始条件缺失或错误，整个过程中误差不断累积，就到不了静香家了。根据方向箭头就能确定去静香家的导航信息，这实际上太难了。

第2章

理解微分

机械计算中的惊鸿一瞥

01 用坐标轴和刻度表现位置 坐标与坐标轴

所谓坐标

在说明微积分之前，我们先引入坐标这一概念。坐标是一种根据适当的“坐标轴”和“刻度”来表现位置的工具。

“你的储物柜是上锁的储物柜左起第 3 个”，这么告诉你的时候，是指“从最左边开始往右数，1 个箱子算 1 格”这样的设定。

最开始数的点就叫作“原点”。关于储物柜也可以说“从上数第 2 格，从左数第 3 格”。这里就以“原点是左上”，坐标轴是“向下”和“向右”来设定了。

x轴与y轴

日常语言中说“从上数第 2 格，从左数第 3 格”，而在数学里有 x 轴和 y 轴，可以表示平面中的一个点在哪里。

刻度的含义根据“现在正在考察的东西”而定。如果是储物柜，就不会是分数或者负数了。反之，如果是速度或时间，理论上从负无穷到正无穷，实数范围内的值都能取到。

坐标轴怎么设定可以自由决定。例如，以苹果落下的那一点为原点，时间为 x 轴，下落距离为 y 轴，那么就可以画出一条从原点出发的抛物线。

坐标与坐标轴的思想

设定坐标与坐标轴

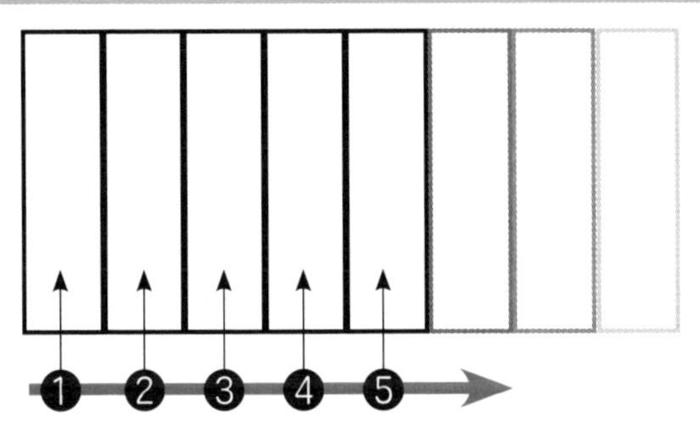

原点与轴（刻度）的设定。

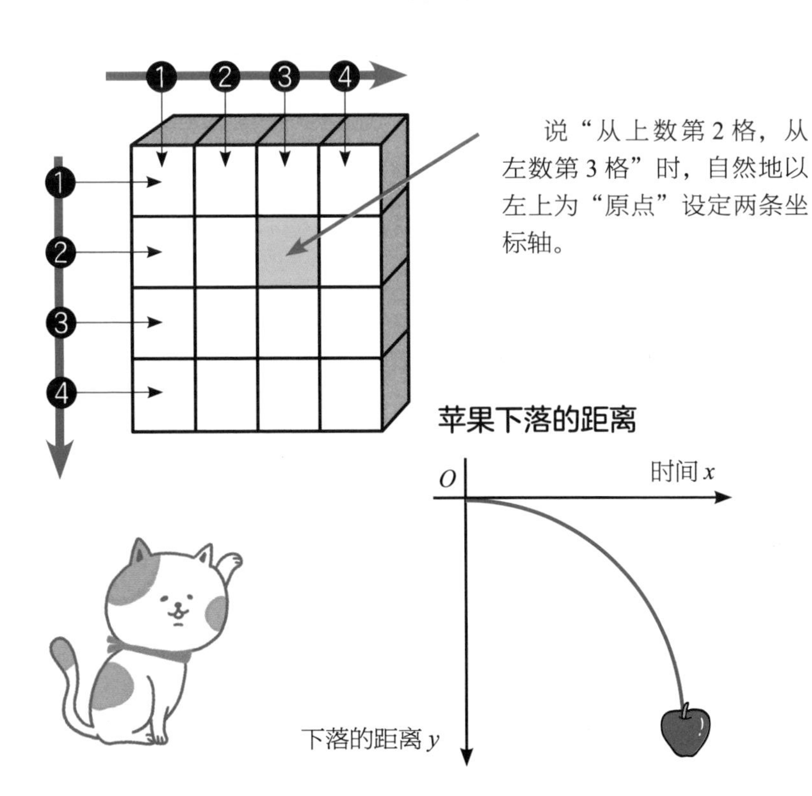

说“从上数第 2 格，从左数第 3 格”时，自然地以左上为“原点”设定两条坐标轴。

02 用两个序号来标记

表示平面上的点

从序号到位置，从位置到序号

刚才我们“通过序号来标记储物柜的位置”，反过来，指定某个储物柜，说它是从左数第几个，从上数第几个，所谓“对储物柜的位置给出序号”也是可以的。某个平面上设定了 x 轴和 y 轴，对指定的一个点，可以给出它的“x 坐标”和“y 坐标”这样的信息。

在xy平面上表示点

设定了 x 轴和 y 轴的平面被称为“xy 平面”。跟刚才指定储物柜的位置一样，xy 平面上的点的含义为“在 x 轴上数是第几个，在 y 轴上数是第几个”。

- 给定 x 轴和 y 轴的坐标，指出一个点
- 指定一个点，得出它的 x 坐标和 y 坐标

如上，我们给出了关于 xy 平面上的点的两种描述，还有另外一种描述如下。

- 给定 x，通过关系式求出 y

这就是所谓“函数”的形式。微积分就主要来自这里。接下来，我们要更深入地理解“函数”。

指定位置的方法

序号与位置的关系

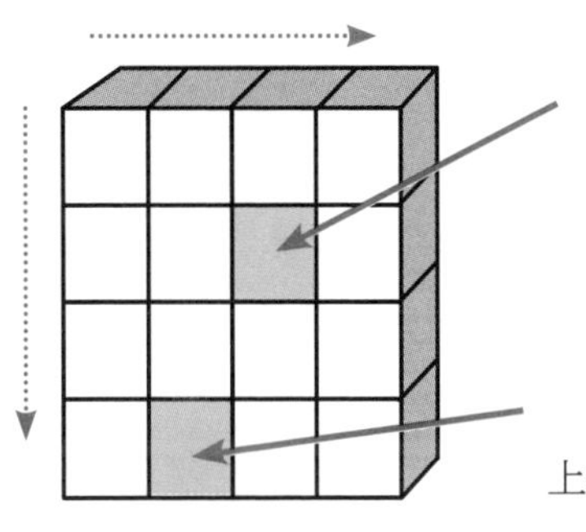

我们说“这里”是“从上数第 2 格，从左数第 3 格”，使用了两个数字。

同样，我们说“这里”是“从上数第 4 格，从左数第 2 格”。

x 轴和 y 轴的关系

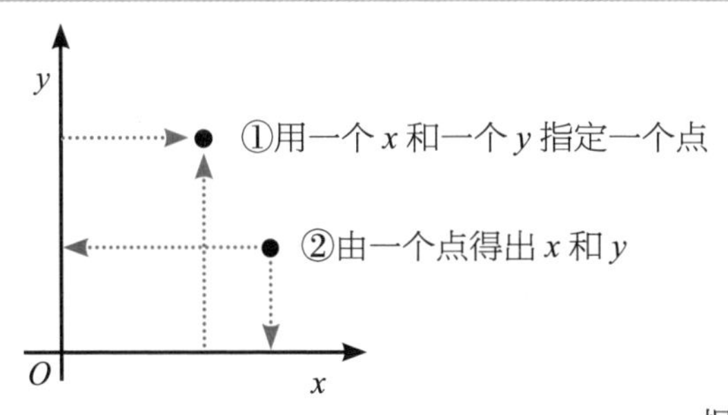

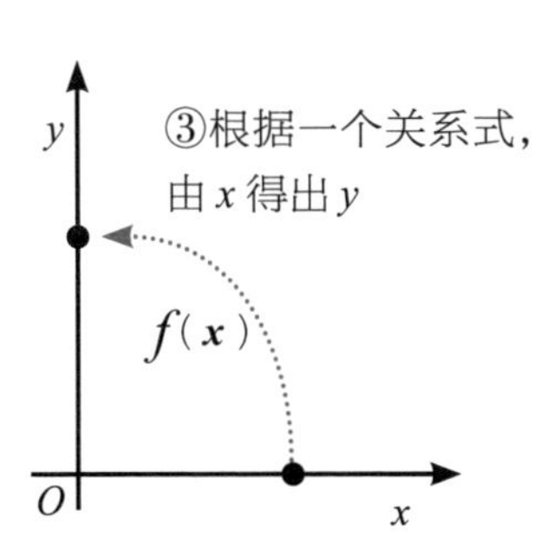

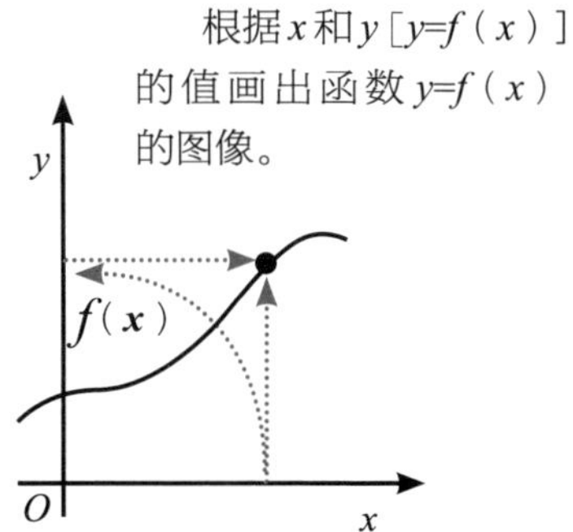

03

发现集合与集合之间的关联

何谓函数

关联性的发现

我们一边观察图像，一边读懂函数。有些人虽说已经接触了数学的若干分支，但还是抱有数学很难的印象。这里事先声明，微分和积分的关系密切，不可分割。图像和函数是同一个事物的不同表现形式，不理解函数也没法正确读懂图像。

例如：

把

柑橘、蛋糕、牛、黄瓜、果汁、电视、苹果

分到

水果、蔬菜、电器、饮料、动物、点心

这些类别里。易如反掌，毫无问题。

函数就是集合与集合之间的关联

说起来，连接集合与集合之间的东西就叫作**函数**。所谓集合，顾名思义就是“集而合之”。以上文的例子说明，柑橘和苹果属于水果，因此它们位于水果的集合中。无须一一对应，在上例中，把柑橘和水果关联起来就是函数。用算式来表示函数，以“function（函数）”的首字母写成“$f(x)$”。这就是所谓函数的表示。

何谓函数

什么是函数

●所谓函数，是表示集合与集合之间关联的东西

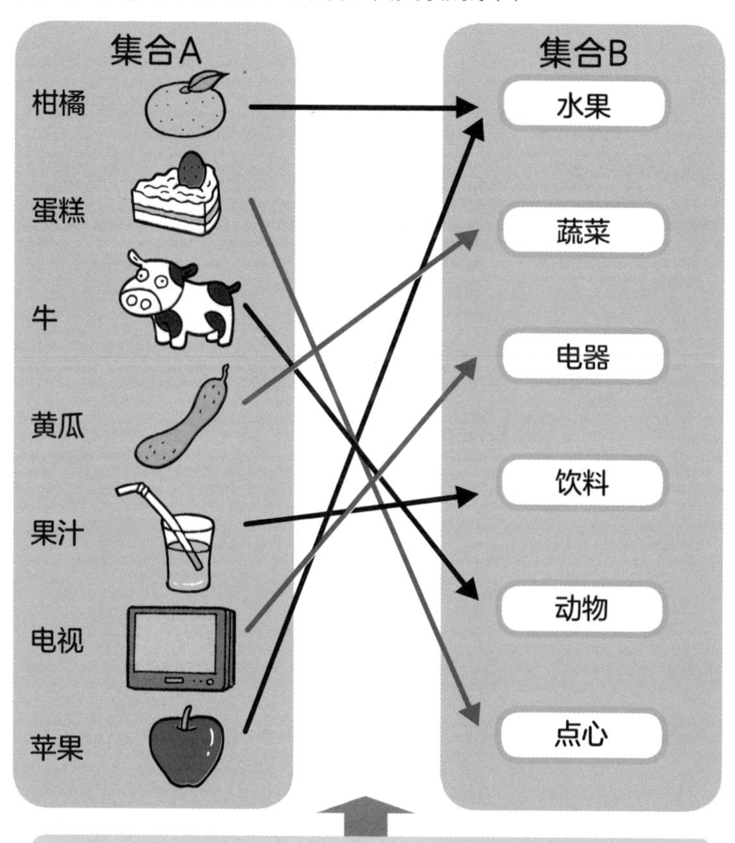

检查！ 表示两两之间关联的就是"函数"。

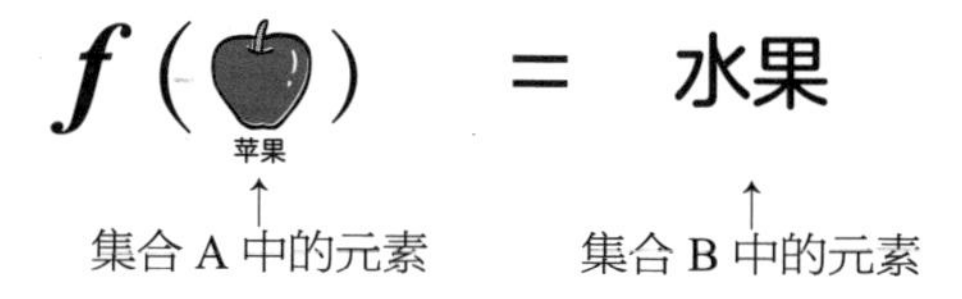

04 首先是一次函数

用一次式表示的函数

常量与变量

函数是一个符号与另一个符号之间的关系吗？我们首先要解决这个问题，这是很重要的。通常来说，$y=x^2+x+1$ 这么写出来，左边的符号（这里是 y）就是右边符号（这里是 x）的函数。现在式子里只有 x 和 y 两个变量，不容易出现误解。之后，我们通常用“y 是 x 的函数”来表示 x 与 y 之间的关系。在式子 $y=ax^2$（这里还用通常的“y 是 x 的函数”来表示）里面，不仅有 y 与 x 的函数关系，还有 y 与 a 的函数关系。单从式子无法判断“y 是 x 的函数”还是“y 是 a 的函数”，符号不明确。在“y 是 x 的函数”的情形下，这个 x 叫作“**变量**”，顾名思义就是“数值变化的量”。此时 a 的值（即使 x 变化）没有任何变化，就叫作“**常量**”。一般来说，a 的取值是固定的。一次函数的所谓“一次”是指“变量的最大次数是一次”。在 $y=ax^2$ 里面，变量 x 的最大次数是 2，所以就叫二次函数。

用图像表示

我们先尝试用图像表示式子 $y=x$。当 x 的值取 1 的时候，y 的值也是 1。用图像表示就像右页这样，它是由 x 轴与 y 轴构成的角的角平分线。像这样把函数式用图像表示，我们就能读懂 x 与 y 之间的关系。

一次函数

一次函数 $y=x$

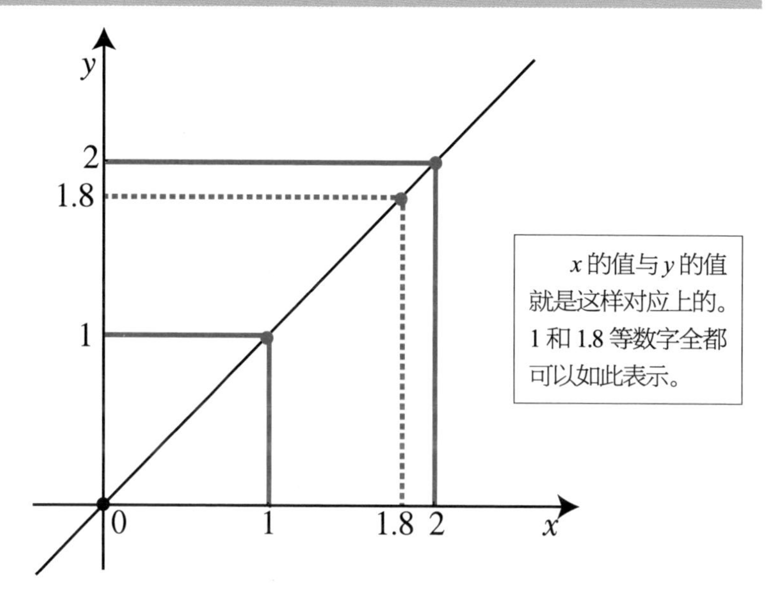

x 的值与 y 的值就是这样对应上的。1 和 1.8 等数字全都可以如此表示。

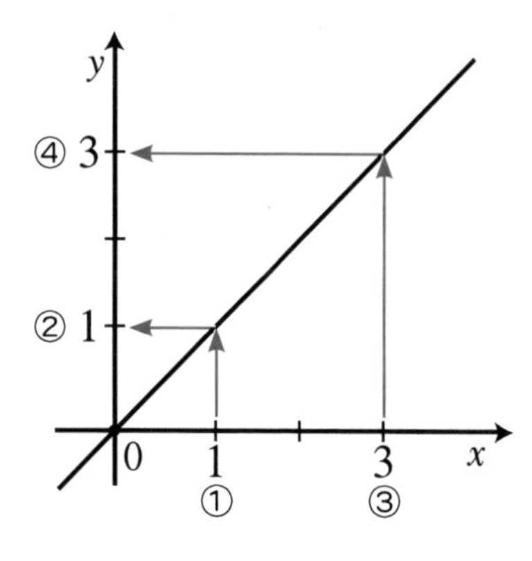

①x 取 1 的时候

②y 等于 1

③x 取 3 的时候

④对应的 y 也是 3

就是这样表示的。

05 图像为曲线的函数代表
刻画曲线的二次函数

曲线

我们已经掌握了一次函数，下面就进入下一阶段。所谓二次函数（式子如右页所示）用图像表示就是投掷物体划出的轨迹，因此叫作“**抛物线**”。

具体说来，二次函数是什么样的函数呢？最简单的例子就是正方形的面积公式，圆的面积公式亦然。正方形的 4 条边长度相同，把一条边的长度自乘就得到了正方形的面积。如果边长是 x，面积是 y，算式就是 $y=x^2$，图像画出来就是抛物线。此时因为 x 是边长，所以变量 x 就有 $x \geqslant 0$ 的限制条件。

图有小瑕，无伤大雅

正确描绘二次函数的曲线还是很难的，但是许多场合也不用太精确。抓住特征活灵活现地描绘，有时比实物的照片还清晰易懂呢。

简单的好图要能抓住特征，“看上去挺正确”。特征就是图像之间的区别，比如说一次函数，“直线”就是特征。此外，图像与 x 轴和 y 轴的交点通过某个特定的点，画出来了就算正确。对二次函数来说，“左右对称”的凸起之山（或凹陷之谷）形状是首要的特征。找到山顶（或谷底）在哪里很重要。与一次函数相同，曲线与 x 轴和 y 轴的交点通过某个特定的点，该信息也不能缺少。这样就算一张“正确”的图像了。

二次函数

二次函数 $y = x^2$

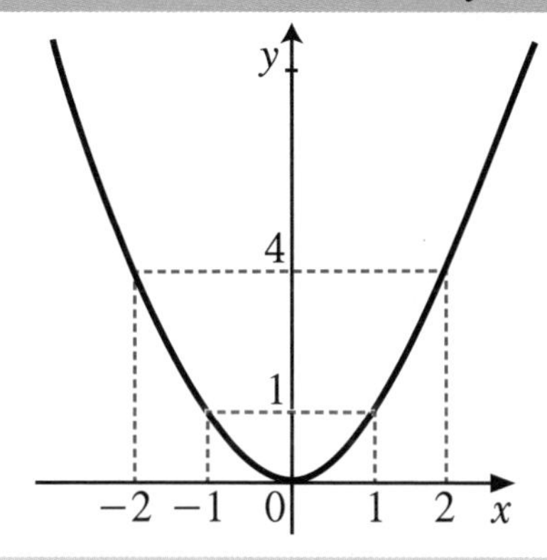

图像不必纤毫毕现，形状大体无差即可。

检查！ 图像要以 y 轴为对称轴，左右对称。无论 x 值取正还是取负，y 值不变。

二次函数的例子

● 正方形的面积公式

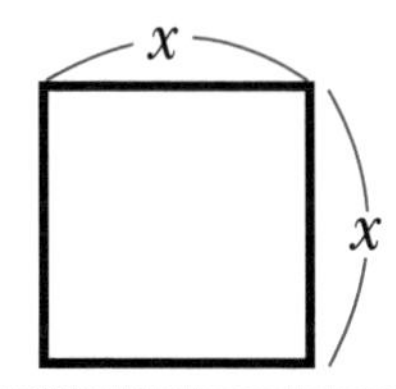

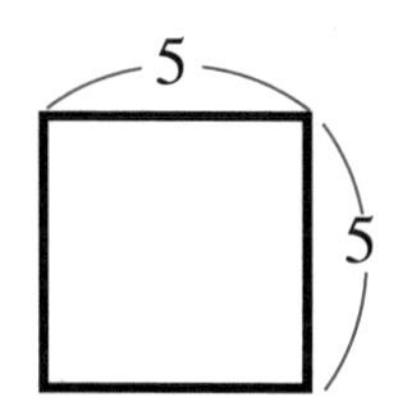

检查！ 如果把正方形的面积记作 y，边长记作 x，那么 $y = x^2$。

● 圆的面积公式

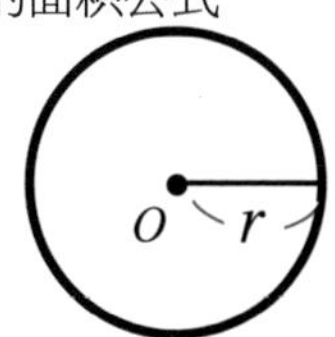

检查！ 如果把圆的面积记作 y，半径记作 r，那么 $y = \pi r^2$。

06

理解函数式，画出图像来

由式画图

两个图像

在我们理解了函数式和图像的关系后，就可以把图像画出来看看。

① $y=4x+6$

② $y=2x^2$

把这两个图像画出来看看。

先看①。当 x 取 0 时，y 得 6。直线与 x 轴的交点叫作横截距，与 y 轴的交点叫作纵截距。因此我们知道，这条直线的纵截距是 6。

再看②。x 取平方，图像是左右对称的。图像在原点处与 x 轴和 y 轴相交。

画成曲线的原因

为什么画成曲线，我们稍加计算就知道了。1 或者 2 取平方的结果与原数差不多，但是 10 的平方就是 100，11 的平方就是 121。虽然 x 的值只差 1，但 y 的值就相差很大了。无论 x 多么接近，都准确对上相应的点，就画成了曲线。

由式画图

画出图像

① $y=4x+6$

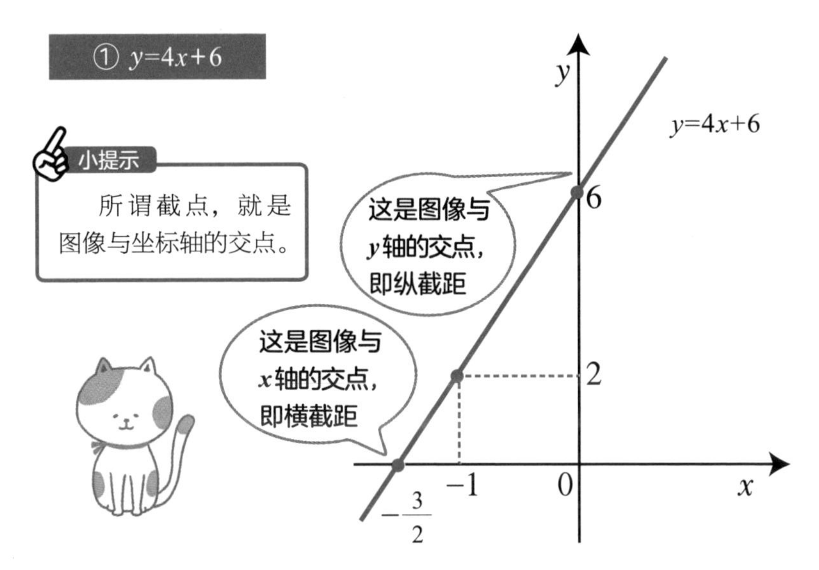

② $y=2x^2$

当 $x=2$ 时

$y=2\times 2^2$

$=8$

当 $x=-2$ 时

$y=2\times(-2)^2$

$=2\times(-2)\times(-2)$

$=8$

两个 y 的取值相同

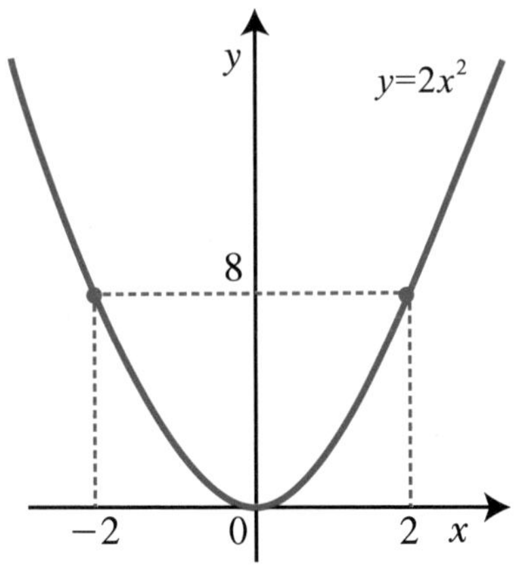

图像没有穿过 x 轴（$x=0$ 时是与 x 轴相切而不是穿过）

07 向前多少，向上多少
所谓斜率

滑梯的斜率是负数

日常语言中我们也会用到“斜率”这个词，数学语言里对此的定义更明确：“往 x 方向前进时，在 y 方向往上走了多少。”直线上任意一点的斜率都是相同的。

对于 $y=x$ 来说，x 向前走 1 格，y 也向上走 1 格，我们说该直线的斜率是 1。对于 $y=-3x$ 来说，x 向前走 1 格，y 就向下走 3 格。“向下 3 格”就是“向上 −3 格”的意思，所以该直线的斜率是 −3。

对于 $y=4$ 来说斜率是怎样的呢？像这样不含 x 的式子在 xy 平面上表示的就是“y 跟 x 的变化毫无关系”。因此，它的图像是平行于 x 轴的直线。

在这种情形下，虽然 x 变化了，但 y 的变化是 0，所以该直线的斜率就是 0。

斜率沿曲线变化

想象我们的眼前有一座滑梯，滑梯的高度与水平距离的变化的比值（是负数）就是斜率。

但是，滑梯中间的倾斜程度是变化的，该怎么办呢？就结论而言，“分段”考虑某个地方的斜率就可以了。此时斜率不是不变的，在滑梯上处处都不同。

我们来具体认识斜率

斜率的形象

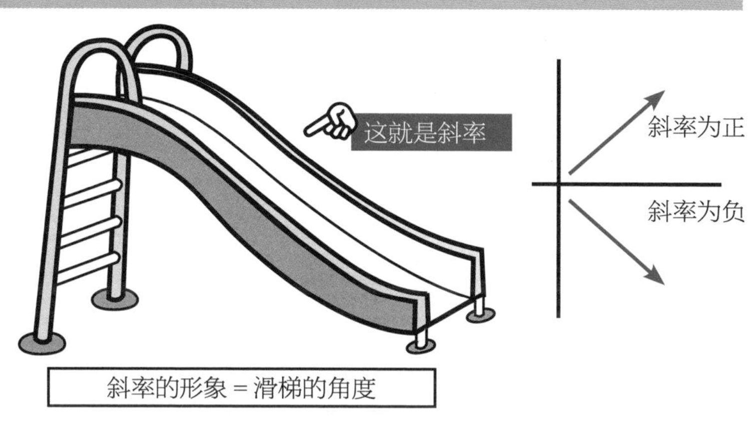

画出斜率的图像

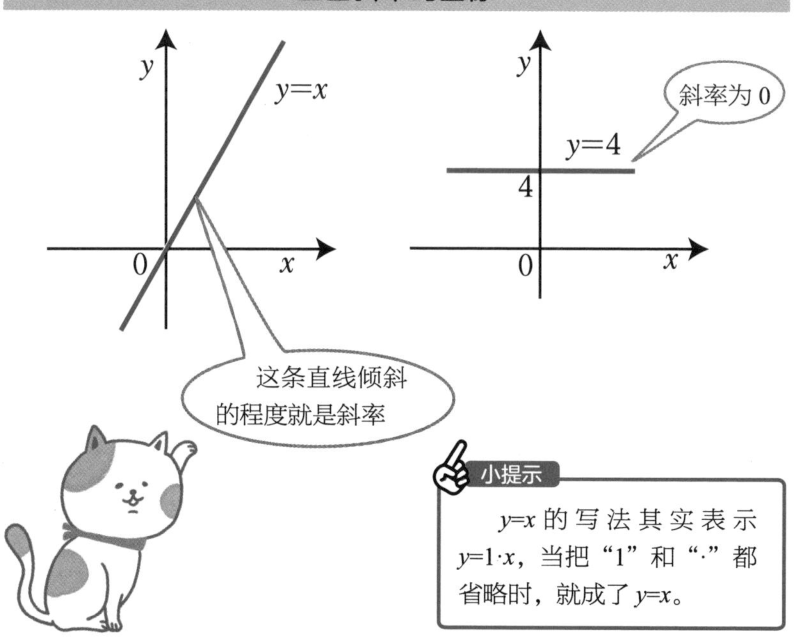

小提示

$y=x$ 的写法其实表示 $y=1\cdot x$，当把“1”和“·”都省略时，就成了 $y=x$。

08

只有计算坐标，才能知道滑梯的角度

试求斜率

$A-B$也可，$B-A$也然

斜率就是求朝一个方向移动的距离与朝另一方向移动的距离的比值。设想两个点 A（3，8）和 B（2，4），从左边的点 B 出发向右 1 格，向上 4 格就到了点 A，所以直线 AB 的斜率是 4。但是，A 与 B 谁在左边对斜率并没有影响。用（点 A 的 y 坐标减去点 B 的 y 坐标）÷（点 A 的 x 坐标减去点 B 的 x 坐标）这个式子就能得到直线的斜率。无论两个点的顺序怎么样，利用该公式都能得到正确的斜率。

分数与分数相除

试求点 $A\left(\frac{1}{2},\ \frac{1}{3}\right)$ 与点 $B\left(\frac{2}{3},\ 1\right)$ 之间的线段的斜率。

$$\frac{\frac{1}{3}-1}{\frac{1}{2}-\frac{2}{3}}=\frac{-\frac{2}{3}}{-\frac{1}{6}}$$

分数与分数相除这种写法大概不好懂，化简一下，答案就是 4。可别乍一看就被唬住了。计算是小学生水平的，实际计算时可不要出错哦。

试求斜率

斜率公式

通过点 $A(a_x, a_y)$ 和点 $B(b_x, b_y)$ 的直线，设斜率为 m，则

$$m = \frac{a_y - b_y}{a_x - b_x}$$

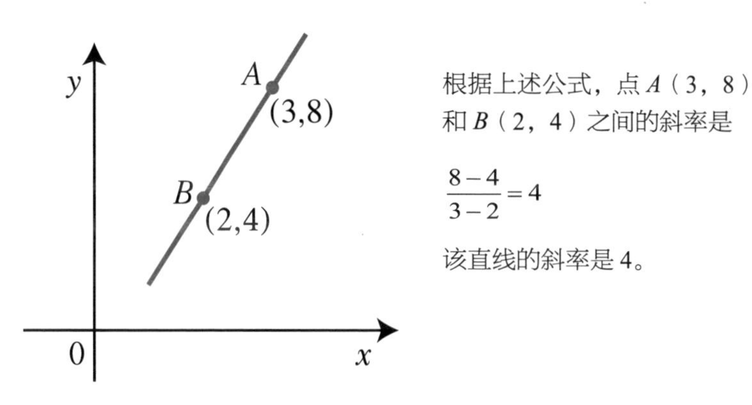

根据上述公式，点 $A(3, 8)$ 和 $B(2, 4)$ 之间的斜率是

$$\frac{8-4}{3-2} = 4$$

该直线的斜率是 4。

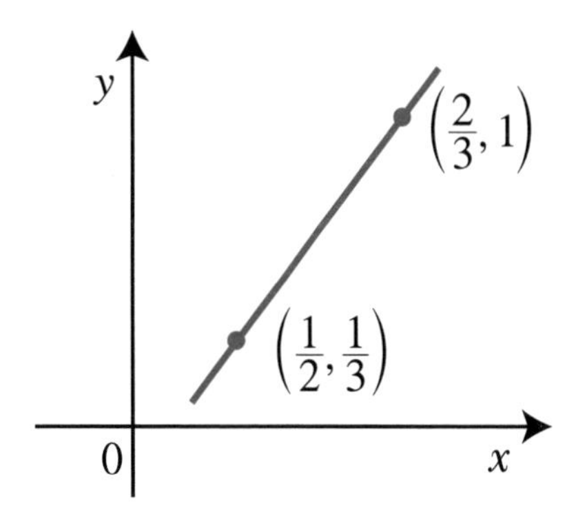

$$\frac{\frac{1}{3} - 1}{\frac{1}{2} - \frac{2}{3}} = \frac{-\frac{2}{3} \times 6}{-\frac{1}{6} \times 6} = 4$$

检查！ 分母和分子同时乘以 6，化简分数。

09

曲线上的斜率逐点变化

曲线上点的“斜率”是什么？

曲线的斜率

请看解说“斜率”的滑梯图（见右页），滑梯可不是一条笔直的线。曲线跟直线一样，也有斜率，但是曲线的斜率不是固定不变的，这与直线不同。如此说来，怎样求曲线的斜率呢？在此之前，先看看曲线倾斜的方向。滑梯也好，滑雪场也好，过山车也好，请思考一下这种“忽快忽慢、忽缓忽急”的东西吧。如果突然把滑梯“一截两段”，滑梯上的人会怎么样呢？

在这个假设下，滑梯上的人理所应当“沿截断之前的方向继续向前”，这个方向就叫作“曲线上某个点的斜率”。曲线的斜率不是固定的，根据所在点的变化而变化，不指定所谓的“所在点”，斜率是没法表示的。因为我们通过 x 的函数设定了曲线，所以如果指定了位置 x，就指定了曲线上的某个点。

x点的斜率

给定某条曲线，加上“x 的位置”的信息，我们就能知道“x 处的斜率”的信息。但是，这两个条件并没有对 x 加以限制。比如对于函数 $y=\frac{1}{x}$，当 x=0 时是没有意义的，自然也就没有斜率。此话留待后文详加分析。

曲线上的斜率

某点的斜率

10 斜率，存在还是不存在

图解绝对值

$y=|x|$的图像

现在，让绝对值函数的图像登上我们的舞台吧。正数和 0 的绝对值就是它本身，负数的绝对值是它的相反数，例如 $|5|=5$，$|-3|=3$。

作为 $y=|x|$ 上的点，当 $x=5$ 时 $y=5$，当 $x=-3$ 时 $y=3$，因为 $|-3|=3$，根据函数画出图像。请观察图像思考一下：在函数 $y=|x|$ 中，当 $x=0$ 时 y 得 0，但是 $x=0$ 时的“斜率”该怎么解释呢？

图像上每个点的斜率就是在此点截断滑梯时，滑梯上的人“飞出”的方向。

当然，对于 $y=|x|$ 上 $x=0$ 的点也得这么考虑。$x=0$ 的点的右边紧跟着就是 $x>0$ 的点，它左边又紧跟着 $x<0$ 的点，两者飞出的方向可截然不同。

实际上，因为真正的斜率表现的是“飞出的方向”，只有在无论从左右哪边来看“飞出的方向”都一致的情况下才成立，两边不一致的情况下就没有斜率了。因此，这种情况下斜率不存在才是正解。

确实有斜率“不存在”的情况

图像上截断点左右两边飞出方向一致的情形，在数学上称为“可导”。不可导的情形下图像的斜率不存在。所谓“不存在”的说法是不是挺有数学的味道呀？

观察绝对值函数的图像

画出绝对值函数的图像

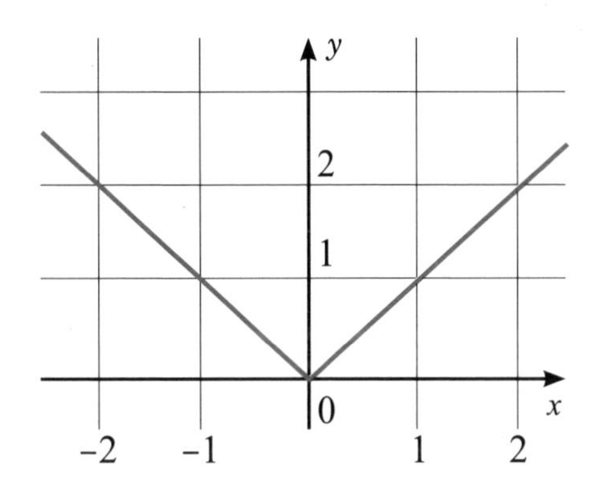

在 $y=|x|$ 中

当 x 取 1 时，y 就是 1
当 x 取 2 时，y 就是 2
当 x 取 −1 时，y 就是 1
当 x 取 −2 时，y 就是 2

这样就画出图像来了。

当 $x=0$ 时，斜率存在吗？

从 y 轴左侧方向来考虑，人是向下滑

从 y 轴右侧方向来考虑，人是向上飞

哪个才是正确的斜率？

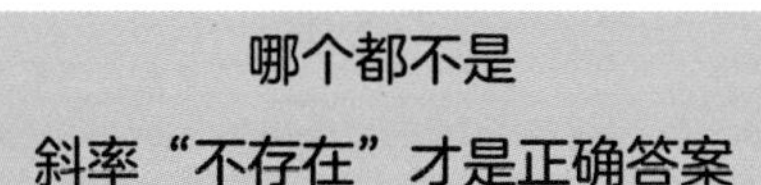

哪个都不是
斜率“不存在”才是正确答案

11 何处山峰最险峻
表示斜率的函数

简言斜率

我们说过，对曲线上某个点而言，斜率就是当滑梯在此点截断时，滑梯上的人飞出的方向。任意一点都能求得斜率，这种方便求斜率的图像挺多。比如说，在滑雪场上或者登山道中，我们不是都对“哪里最陡峭，哪里最险峻”很好奇嘛。

在曲线上包含“x 的位置”和“x 的斜率”的信息，我们可以思考一下，对函数 $y=f(x)$ 来说，如果我们知道了“x 的位置”，可以得到 $f(x)$ 的什么信息呢？

知道了 x 的位置当然可以求 $f(x)$。对于任何函数，我们可以方便地称 x 的位置上的斜率为 $f'(x)$。斜率会根据曲线上点的位置的变化而变化，表示斜率的函数 $f'(x)$ 就是由 $f(x)$ 产生的。这可不是以前我们取名为 $g(x)$ 的那种跟 $f(x)$ 毫无关系的函数，所谓 $f'(x)$ 就是因“从 $f(x)$ 派生而来”而得名。后文我们要讲的就是怎样从 $f(x)$ 求得 $f'(x)$。

所谓“画出表示斜率的函数”

根据 $f(x)$ 得到 $f'(x)$ 的方法就叫作微分。前文虽然轻描淡写，这个却是至关重要的！

虽然 $f'(x)$ 可以通过 $f(x)$ 用某些方法“求”出来不常见，但如果该函数是多项式（由变量、系数以及它们之间的加、减、乘、幂运算得到的表达式）就一定能算出来。多项式求微分是基本功。

画图理解斜率

斜率的可视化

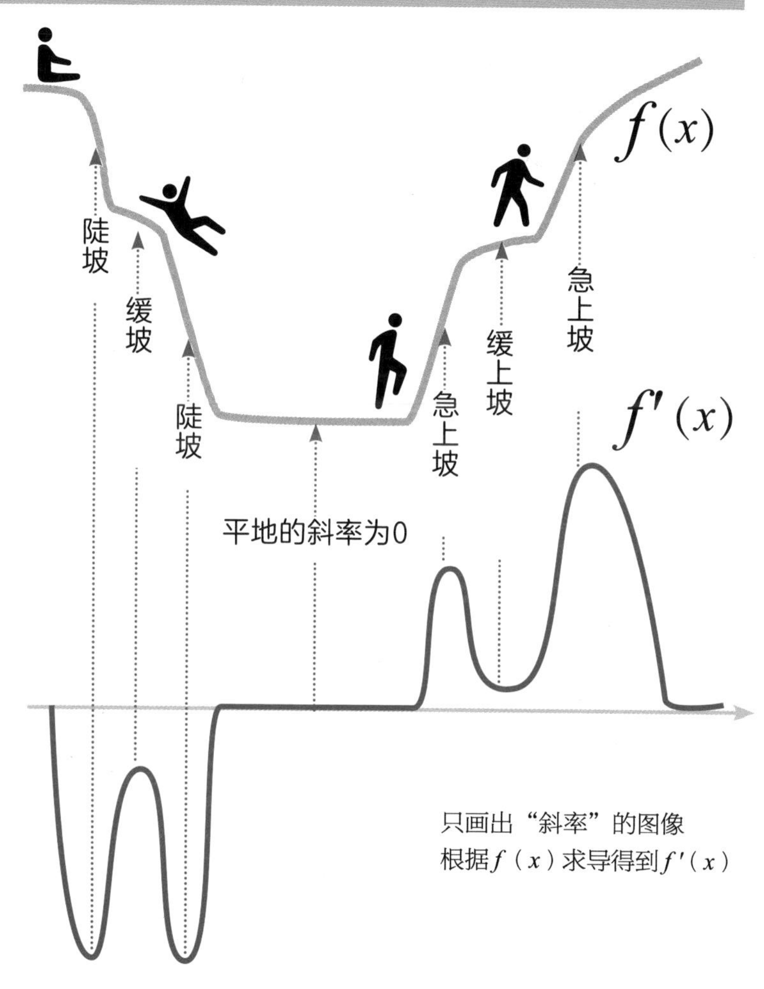

检查！ 从原函数$f(x)$得到$f'(x)$的运算就叫作微分。

12 累积跬步，以至千里
狭义上的微分

微分的初衷和本质

根据$f(x)$得到$f'(x)$的方法叫作微分。虽说这种方法很重要，但是看不出微分的味道。我们来理解一下微分的初衷和本质。商家给顾客端出美食，本质是想让顾客享用佳肴，初衷则是卖出菜品、收回成本并获取利润。微分的本质就是“细细切分”。微分是把每个瞬间的变化量累积起来汇成全局的技术，这个技术就是根据$f(x)$得到$f'(x)$。因此，就狭义的初衷而言，微分就成了根据$f(x)$得到$f'(x)$。

根据$f(x)$得到$f'(x)$的方法

现在，我们来看看“狭义的”微分是怎么操作的。在这之前有一个重要提示：此时此刻我们所做的跟实际的微分毫无关系。为什么这么说呢？

例如我们想做咖喱菜，只要在市场上买咖喱酱就行了。袋装的咖喱酱就挺好吃的。但是，抱有开一家咖喱店想法的人可不会这样做。小店铺里会不会使用市场上销售的咖喱酱不好说，精益求精的咖喱店老板绝不会有从香料开始自制咖喱的经验不重要的想法吧。这可是价值观的问题。不认同这一点的读者请直接跳转到第56页“微分法则”一节。

理解微分的思路

用法很简单，但是……

微分是细细切分，狭义上是根据 $f(x)$ 得到 $f'(x)$。

实际上，根据多项式 $f(x)$ 得到 $f'(x)$ 的方法比较简单。但是，说明理由比较难……

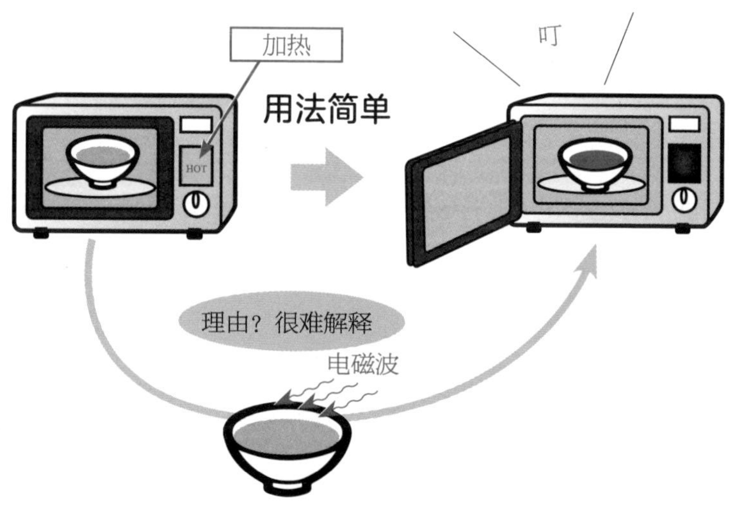

理解理由很重要，也很有意思，但是，先从了解用法开始吧。

13 理论背景的由来

从极限看导函数

你想知道导数的理论背景吗?

现在我们要讲的是根据 $f(x)$ 得到 $f'(x)$ 的理论背景。结论就是“缘由千头万绪，做法一目了然”。只想快速知道结论的人，请直接跳转到第 56 页“微分法则”一节吧。此部分只请“还是想听一听讲解”的人继续阅读。

想从 $f(x)$ 得到 $f'(x)$，我们必须知道 $f'(x)$ 表示的是什么。所谓 $f'(x)$ 就是曲线上点的斜率。斜率就是截断曲线时人飞出的方向，那么怎样求解斜率呢?

聚焦的技巧

我们从结论出发，使用“细细切分”的技巧。聚焦于曲线上某一点的周围，这样在很小的范围内，无论什么曲线都可以被视为直线了。把曲线当成直线考虑，就能用公式来表示斜率。

曲线 $y=f(x)$ 上的点（x，y）的斜率 $=\dfrac{f(x+h)-f(x)}{(x+h)-x}$

（注意：其实这样表示并不准确）

曲线的局部是可以当成直线看待的。不明白这个式子含义的读者请重新读一下第 42 页“试求斜率”一节。

h的取法

前文关于曲线 $y=f(x)$ 上的点（x，$f(x)$）的斜率，里面的“聚焦”是不对的。那么数学上怎么表示“聚焦”呢？就是使用“lim”（读作“粒米特”）的数学符号。

$$\text{曲线 } y=f(x) \text{ 上的点}（x，y）\text{的斜率} = \lim_{h \to 0} \frac{f(x+h)-f(x)}{(x+h)-x}$$

这个才是曲线 $y=f(x)$ 上任意点（x，$f(x)$）斜率的表达式！此式不限于多项式。

“lim”是拉丁文 limitem 的缩写，这里意为 h 无限趋近于 0。这就是数学上“聚焦”的表现方式，便于表现微小量级的东西。

趋近于 0 但并不是 0。将上式等号的右边变形一下，分母就成了 h。h 取 0 则无法做除法，如果“趋近”但不是 0 的话就可以做除法了。

除了做除法的目的，$f(x)$ 限定在多项式的范围里，把无限趋近于 0 就当作实际是 0 也没有问题。

计算导数

请根据曲线上点的斜率的表达式计算斜率。现在，我们就把 $f(x)$ 当作多项式来考虑。例如 $f(x)=x^2-2x+1$，代入曲线上点的斜率的表达式看看。

曲线 $y=f(x)$ 上的点（x，y）的斜率为

$$\lim_{h\to 0}\frac{\left[(x+h)^2-2(x+h)+1\right]-(x^2-2x+1)}{(x+h)-x}$$（代入）

$$=\lim_{h\to 0}\frac{2hx+h^2-2h}{h}$$（化简分子、分母）

$$=\lim_{h\to 0}(2x+h-2)$$（h 不是 0，故而约分）

$$=2x-2$$

最后的式子中已经没有 h 了。对 h 趋近于 0 的处理就是把 0 代入 h。

那么，结果就非常简单了。曲线 $f(x)=x^2-2x+1$ 的斜率就可以用“$2x-2$”来表示。例如求曲线上的点（-1，4）处的斜率，把 $x=-1$ 代入 $2x-2$ 即可求得。

曲线上任意点（无论 x 取什么值）的斜率都可以按照此方法求得。求出的斜率的算式就叫作导函数。对于多项式，像上述这样求导函数就可以了。

练习一下

试求 $y=x^3$ 的导函数。

$$\lim_{h\to 0}\frac{(x+h)^3-x^3}{(x+h)-x}$$（代入）

$$=\lim_{h\to 0}\frac{3hx^2+3xh^2+h^3}{h}$$（化简分子、分母）

$$=\lim_{h\to 0}\left(3x^2+3xh+h^2\right)$$（h 不是 0，故而约分）

$$=3x^2$$

试求 $y=x^4$ 的导函数。

$$\lim_{h\to 0}\frac{(x+h)^4-x^4}{(x+h)-x}$$（代入）

$$=\lim_{h\to 0}\frac{4hx^3+6h^2x^2+4xh^3+h^4}{h}$$（化简分子、分母）

$$=\lim_{h\to 0}\left(4x^3+6hx^2+4xh^2+h^3\right)$$（h 不是 0，故而约分）

$$=4x^3$$

计算时有几点需要注意。首先是在消去分子上 x 的最高次幂时，分母必须是 h，这样约分时分子中 h 的幂才能降一级。之后当 h 趋近于 0（实际是把 0 代入）时，含有 h 的项全都消去了。

一般来说，$(x+h)^n$ 的展开式形如 $x^n+nx^{n-1}h+\cdots$，斜率的式子中的 x^n 首先消掉了。展开式中引号部分含有 h 的 2 次以上幂的项最后都消去了。$nx^{n-1}h$ 跟 h 约分后变成 nx^{n-1}，这就是取极限最后留存的部分。

如此，$f(x)=x^n$ 的导函数就是 nx^{n-1}，也就是 $(x+h)^n$ 展开式中的第 2 项。

14 了解规则才能实战

微分法则

基本法则

根据某个函数得到表示斜率的函数（即导函数）就是所谓的“微分”。前文中，我们通过极限求斜率得到导函数。现在开始就不用那么大费周章了，我们减少手续，把它公式化。

在教科书上可能会花很多篇幅介绍原理，这里我们只介绍结果。

法则说明

最终的法则看起来令人云里雾里，我们来解释一下。结合具体的例子很容易理解，我们就看看 $f(x)=x^4$ 吧。

把右页这个式子变形一下，用平方就好算多了。变换之后也能应用微分法则。x 的平方的微分，我们当作 $x \cdot x$ 来分部分计算。正如右页所示，结果是 $2x$。代入到 $f(x)=x^4$ 里，问题迎刃而解。根据法则，$f'(g)$ 与 g' 乘在一起就是结果。在这个式子里，括号里面的 g 就是 x^2，整个 $f(g)$ 就是 $(x^2)^2$，对它求微分，两部分乘在一起，得到答案是 $4x^3$。

微分的基本法则

微分法则的用法

微分法则

- 常数 $\to$ 0
- $x \to 1$
- $f \to \dfrac{\mathrm{d}f}{\mathrm{d}x}$（也写作 f'）
- $f+g \to f'+g'$
- $fg \to f'g+fg'$
- $f(g) \to f'(g)\cdot g'$

● 链式法则 $f(g) \to f'(g)\cdot g'$ 的使用方法

$$f(x)=x^4$$
$$=(x^2)^2$$

检查！

令 $g=x^2$

$$x^2=x\cdot x$$
$$fg \to f'g+fg'$$

使用上面的法则

$$(x^2)'=x'\cdot x+x\cdot x'$$
$$=1\cdot x+x\cdot 1$$
$$=2x$$

$$\frac{\mathrm{d}}{\mathrm{d}x}f(x)=2\cdot x^2\cdot 2x$$

$2\cdot x^2$：$f'(g)$　$2x$：g'

与 f' 意义相同

$$=4x^3$$

小提示

这里微分的计算看起来很难，但如果能适当使用法则，就能算出微分来了。

15 功力深厚，自成一格
微分一瞥

深入理解微分法则

为了熟悉微分的法则，我们尝试对各种各样的式子求微分。掌握各种法则是求微分的捷径。

请看右页上的式子，我们用两种方法来求解这个式子。

第一种方法是把它当成 $x^3 \cdot x^3$ 来求解，正如右页所示。之后再用微分的乘法法则求出结果。

另一种方法是把它当成（x^3）^{2} 来求解。这样就用到了 $f(g) \to f'(g) \cdot g'$ 的链式法则。使用链式法则对 x^3 和 x^2 分别求微分是很简单的。

于是就得到了 $6x^5$ 的结果。

两种解法殊途同归

把 x^6 当作 $x^3 \cdot x^3$ 或（x^3）^{2}，得到的结果一致，这意味着什么呢？这就是所谓的**“殊途同归”**。那么，我们就可以选择自己习惯的法则来计算了。实际上，这个“殊途同归”在我们求微分时很重要。例如，对带括号的式子是整体求微分，还是展开来分部求微分，两者都可以。

自成一格

熟悉微分的法则

$f(x)=x^6$ —— $x^3 \cdot x^3$ / $(x^3)^2$ 2种变形

准备工作

$x^3 = x \cdot x^2$

$fg \to f'g + fg'$ 使用链式法则

$(x^3)' = 1 \cdot x^2 + x \cdot 2x = 3x^2$

x^3 的微分是 $3x^2$

$f(x)=x^6$ 的微分

解法1

$x^6 = x^3 \cdot x^3$

$fg \to f'g + fg'$

$(x^6)' = 3x^2 \cdot x^3 + x^3 \cdot 3x^2$

$= 6x^5$

解法2

$x^6 = (x^3)^2$

$f(g) \to f'(g) \cdot g'$

$(x^6)' = 2x^3 \cdot 3x^2$

$= 6x^5$

对 $x^3 \cdot x^3$ 和（x^3）^{2} 分别求微分后的结果一致

所以无论怎么变形毫无问题

用自己习惯的变形方法求微分

16

公式如此简单

x^n 的微分

去繁就简

我们来了解关于微分的内容，让微分更简单易算一点吧。

$$f(x)=x^6+x^4+4x^2$$

用之前的微分法则就能对这个式子求微分。但是，花费太多时间了。有没有更方便的解法呢？

x^n的微分

我们计算一下，把式子像右页中那样列出，就不难发现微分的规律了。我们既使用前文的微分法则，也应用右页发现的规律，二者相互印证。“把多项式中各项的次数变成系数，次数减 1”，这就是对多项式求微分的结果。所谓系数就是 x 前面的那个数。所谓次数，如 2 次、3 次等，就是 x 肩头的数。如上式，我们根据微分的法则来求 $4x^2$ 的微分。$4x^2 \to$（4 的微分）$\cdot\, x^2 + 4 \cdot$（x^2 的微分），常数的微分是 0，这样的话，只要保持系数不动，对 x^2 求微分就可以了。

我们对微分的计算要熟练到生理反应的程度才好。大家在学校里有能轻松计算微分的朋友吗？他们只是稍微运用了微分法则，利刃在手，势不可当啊。

微分的公式

导出公式

$$x \to 1$$
$$x^2 \to 2x$$
$$x^3 \to 3x^2$$
$$x^4 \to 4x^3$$
$$x^5 \to 5x^4$$
$$x^6 \to 6x^5$$
$$\vdots$$

观察左式，发现规律

$$(x^n)' = nx^{n-1}$$

就是这样

使用这个公式，多项式的微分就变简单了

$$f(x) = x^6 + x^4 + 4x^2$$
$$f'(x) = 6x^{6-1} + 4x^{4-1} + 4 \cdot 2x^{2-1}$$
$$= 6x^5 + 4x^3 + 4 \cdot 2x$$
$$= 6x^5 + 4x^3 + 8x$$

系数保持不变

这样下来，计算速度比以前提高了

17

公式法则俱娴熟，左右逢源乐微分

牛刀小试

多项式的微分

知道了微分的公式，我们再来看看多项式的微分。就像右页那样，参考 $f+g$ 的微分为 $f'+g'$ 的微分法则，我们就能很简单地解出来了。

所以对于多项式，一项一项地求微分就可以了。但是，对于

$$f(x)=(3x+5)^{34}$$

这样的式子该怎么办呢？逐项展开来解倒是可以，但这种方法太麻烦了。我们以法则为武器，看看究竟用哪个法则吧。

法则的灵活运用

这个问题用 $f(g)\rightarrow f'(g)\cdot g'$ 的链式法则就能轻松解决。如右页，定义好 g 再求微分，解题水到渠成。即使忘记了 g 的微分怎么求，也可以求得正确的答案。答案就是

$$f'(x)=102(3x+5)^{33}$$

这个式子要展开就难了。将 $y=(x+1)^3$ 这种量级的式子展开倒是可能的。请自己再试一遍，就能体验到“殊途同归”了。

练习使用公式

微分的法则与公式

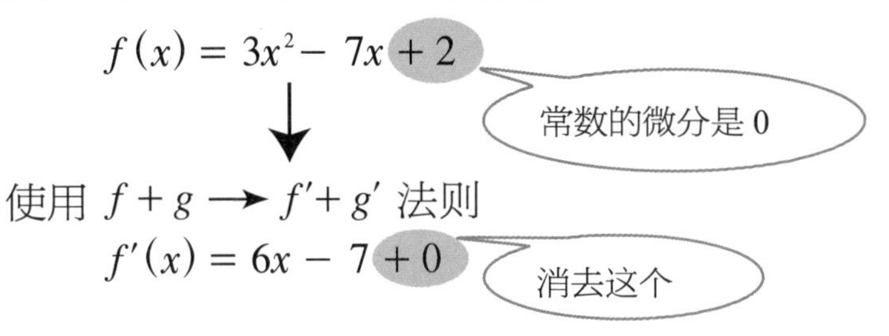

微分中适用的法则和公式

使用公式和法则进行微分

（例）$f(x) = (3x + 5)^{34}$

使用 $f(g) \to f'(g) \cdot g'$ **的链式法则**

使用公式和法则

检查！ **令 $g=3x+5$**

$$f(g) = g^{34}$$

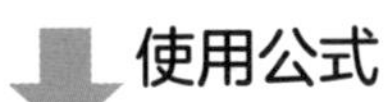

$$f'(g) = 34g^{33}$$

$f'(g)$再乘以g的微分

因为 $g=3x+5$ 的微分是 3

解得

$$f'(x) = 34(3x + 5)^{33} \cdot 3$$

$$= 102(3x + 5)^{33}$$

检查！ 微分计算瞬间完成，一人也可轻松解答。

18

比二次函数更高次的函数

所谓三次函数

三次函数

所谓三次函数，意思是函数 $y=f(x)$ 里 x 的最高次数是 3。例如：

$y=x^3$

$y=x^3-x$

三次函数的图像有对称中心，将图像沿对称中心旋转 180 度，它能够和另一个图形重合。这种图形称为中心对称图形（译者注：原文是“点对称”，在中文里称为“中心对称”）。我们从斜率的角度来考察三次函数的图像。

在 $y=x^3$ 的图像中，x 取负数时图像陡峭（斜率为正），但是逐渐变缓，在对称中心处最平坦，然后又变陡峭。在 $y=x^3-x$ 的图像中，通过对称中心以前斜率越来越小，通过对称中心之后斜率越来越大。

所以，对称中心是斜率增减方向的切换之地，我们称之为“拐点”。二次函数里没有拐点，三次函数里有拐点。此乃三次函数的重要特征之一。

三次函数有无尖峰

$y=x^3$ 和 $y=x^3-x$ 都是三次函数，一看即知形状不同。从斜率的角度而言，前者的斜率最小是 0，而后者的斜率有负数。

斜率由正转负，某个瞬间会经过 0 这个点，这个 0 点对应的就是函数图像的尖峰或谷底。

三次函数的图像

$y = x^3$ 的图像

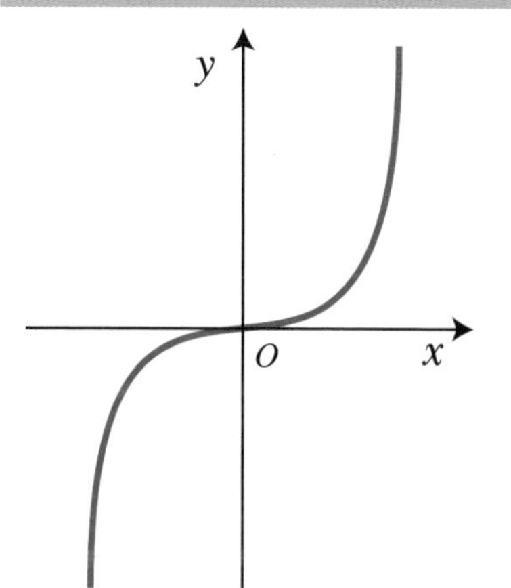

$y=x^3$ 图像的拐点是原点，以原点为对称中心，是中心对称图形，它穿过了 x 轴。

$y = x^3-x$ 的图像

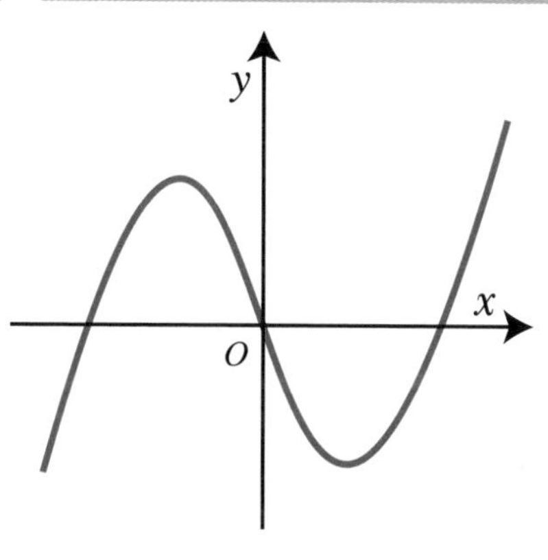

检查!

在拐点处，图像的凹凸性发生变化。

三次函数

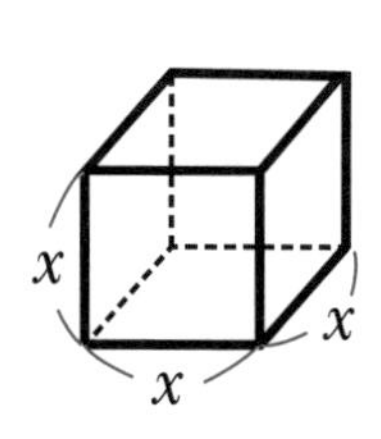

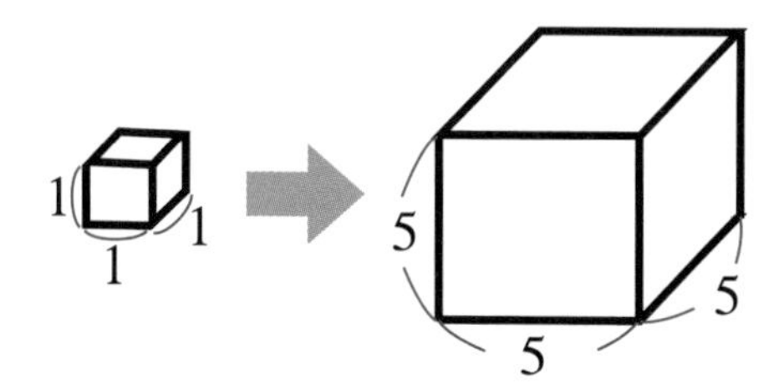

立方体的体积公式

设立方体的体积是 y，边长是 x，就有 $y=x^3$。

19 蜿蜒的曲线

何谓单调增加

单调增加与单调减小的区别

在日常用语中，“单调”跟“平淡无味”意思相近，但是在数学里“单调”并没有贬义，只表示“一往无前，毫无曲折”的意思。前文中的 $y=x^3-x$ 的图像就是一条上上下下、蜿蜿蜒蜒的曲线，一点也不单调。$y=x^3$ 的图像则是一条一直向上的曲线，所以是单调的。“一直向上”叫作单调增加，“一直向下”叫作单调减小。

我们也可以分区间，说 $y=x^3-x$ 在 $x>\frac{\sqrt{3}}{3}$ 的范围内单调增加。

减小，一直单调减小

举个特殊的例子，$y=\frac{1}{x}$ 在 $x=0$ 点以外的地方都单调减小。

除去 $x=0$ 的点，是因为在 $x=0$ 点处 y 值不存在，在这个点处既没有斜率，也没有单调性。$y=\frac{1}{x}$ 中还有另一个不可思议之处，在这里，虽然函数单调减小，但是未必达到负无穷大。单调减小，一直减小，似乎是往负无穷大的方向去的，但是请知晓，$y=\frac{1}{x}$ 在 $x\to\infty$ 处最终趋近于 0。虽然它是单调减小，但是并没有越过 0，一点都没越过。

这种状态我们称为“有下限”。所谓单调增加（单调减小），不限于增加到无穷大（减小到负无穷大）的情形。

单调增加与单调减小

单调增加的特征

检查！ 图像向右上方延伸。

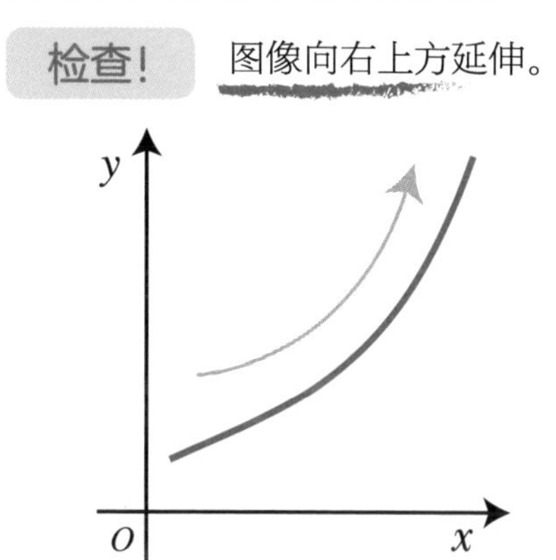

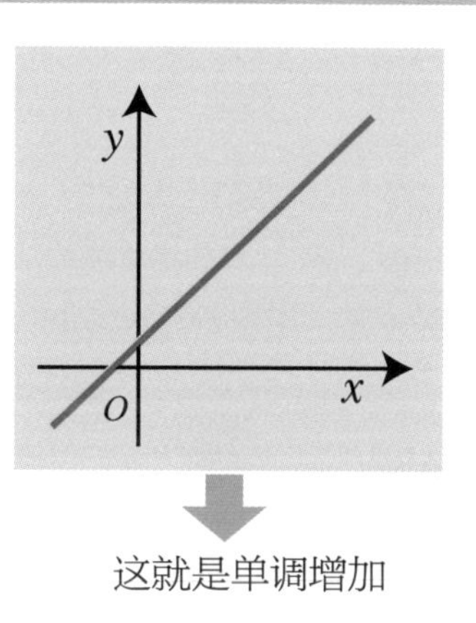

这就是单调增加

单调减小的特征

检查！ 图像向右下方延伸。

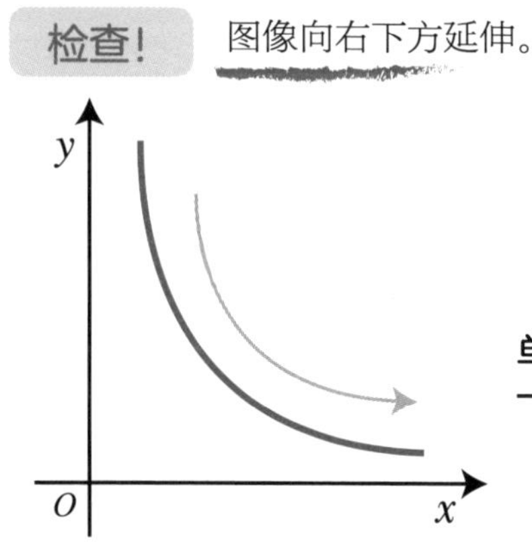

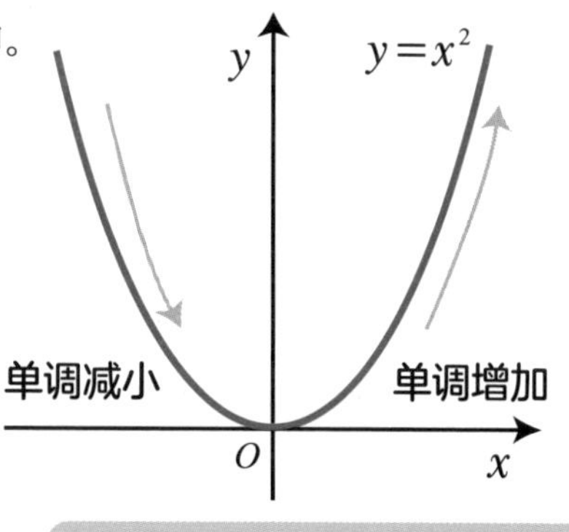

在 $x=0$ 处，单调增加与单调减小的区域截然分开。

当 $f'(x)>0$ 时，该点的斜率 >0 ➡ 单调增加

当 $f'(x)<0$ 时，该点的斜率 <0 ➡ 单调减小

20 找到定点，找到最值
最大值和最小值的求法

最大值与最小值

在股市、金市等诸多领域，我们都很关心“**最大值**”和“**最小值**”。计算成本时想要最小值，说到收益想要最大值。我们迫切需要最大值和最小值的求法。怎样求函数的最大值和最小值呢?

形如 $f(x) = -2x^2 + 4x - 5$ 的二次函数是没有最小值的（取值能无限变小的情形我们称为没有最小值）。另一方面，最大值可在“山顶上”的一个点处取得。到底怎么求“山”的顶点呢?

探寻“山顶”

二次函数的最值不用微分也能求。但是，三次以上的函数呢，我们来看看微分的解法。

我们聚焦于斜率，从“山”的左侧登上，右侧滑下，“山顶”处的斜率为 0。因此，我们对原函数 $y = f(x)$ 求微分，得到表示斜率的函数。要求斜率为 0 的点，只需求出令 $f'(x) = 0$ 的值就好。$f(x)$ 对 x 求微分就是 $f'(x) = -4x + 4$，在 $x=1$ 处 $f'(x) = 0$。据此，我们把 $x = 1$ 代入 $y = f(x)$，得到函数的最大值 $y = -3$。

用微分求最值

最小值的求法（不用微分的方法）

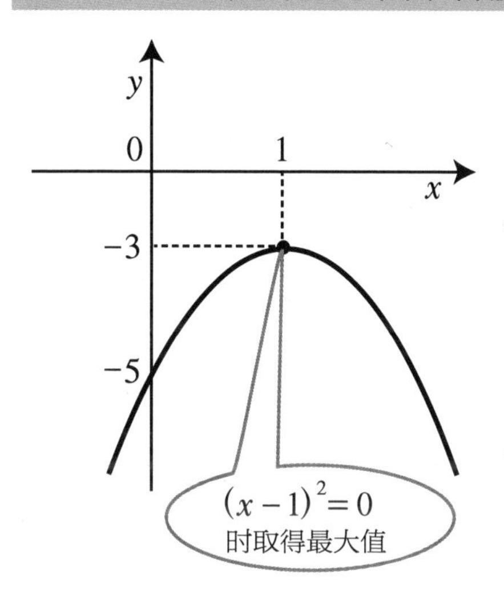

（※ 限定二次函数）

将 $f(x)=-2x^2+4x-5$

变形为

$f(x)=-2\underline{(x-1)}^2-3$

下划线部分为不小于 0 的数。

当 $x=1$ 时，下划线部分为 0。

所以当 $x=1$ 时函数取得最大值

$f(1)=-3$。

最大值的求法（使用微分的方法）

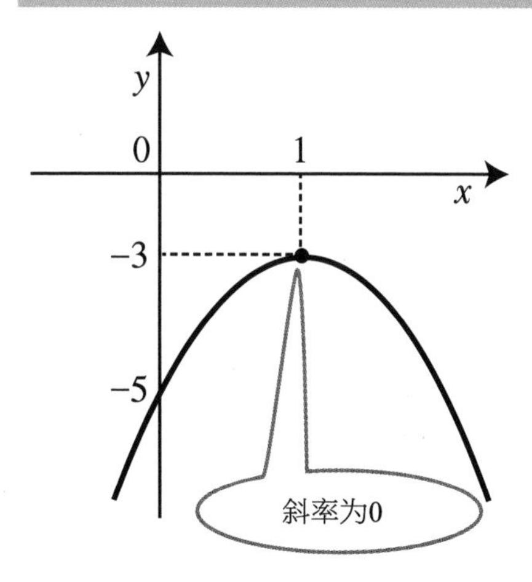

对 $f(x)=-2x^2+4x-5$

求微分，得

$f'(x)=-4x+4$

当 $x=1$ 时，$f'(1)=-4+4=0$,

所以 $f(x)$ 在 $x=1$ 时取得最大值

$f(1)=-2+4-5=-3$。

21

求局部的最大值和最小值

何谓极大值与极小值

狭义上的最大值与最小值

在前文中，我们讲了最大值与最小值，然而在现实中，我们经常考察的是在某一区间内的最大值与最小值，比如年初以来的最高值或者过去 10 年间的最低值。在数学上，除了全局最大或最小以外，也考虑局部的最大值与最小值。这种局部的最大值与最小值被称为极大值与极小值。“局部”和“极”这两个词都是表示狭义范围的意思。但是说到“狭义范围”还是有点模糊，下面我们从数学上来考察。

极大值与极小值合称极值

用斜率来考察最小值，斜率按“负数→ 0 →正数”的顺序变化。在这种模式下，函数在狭义范围内取到了最小值（极小值）。同样地，斜率按“正数→ 0 →负数”的顺序变化的情形下函数取到极大值。极大值与极小值合称极值。斜率为 0 的点就有可能是极值点。但是，如果斜率按“正数→ 0 →正数”的顺序变化，函数就取不到极值。斜率为 0 的前后斜率符号的变化是存在极值的必要条件。

然后，在极大值的点又有可能取到最大值，但也可能不是。例如 $y=x^3-3x$ 既无最大值也无最小值。在极值点 $x=-1$ 处取得极大值 2，在 $x=1$ 处取得极小值 -2。在 $0 \leqslant x \leqslant 5$ 的区间内，最小值是 $x=1$ 时的 -2，最大值是 $x=5$ 时的 110。

求极值的方法

发现极大值与极小值

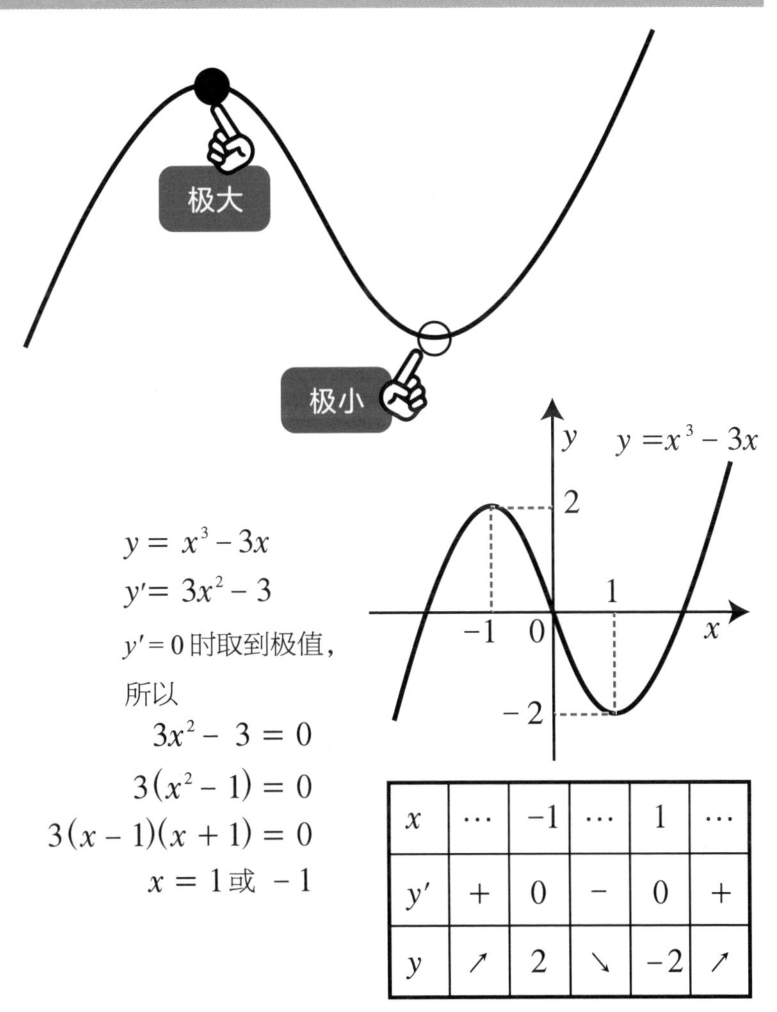

$$y = x^3 - 3x$$

$$y' = 3x^2 - 3$$

$y' = 0$ 时取到极值，

所以

$$3x^2 - 3 = 0$$

$$3(x^2 - 1) = 0$$

$$3(x - 1)(x + 1) = 0$$

$$x = 1 \text{或} -1$$

x	…	-1	…	1	…
y'	+	0	−	0	+
y	↗	2	↘	−2	↗

检查! 必须确认 $y'=0$ 的前后 y' 是正还是负，否则无法判断函数是否存在极值。

三次函数由式画图

画图方法

$$f(x)=x^3-2x^2+x$$

我们来画上述函数的图像。对这个式子做因式分解，如右页所示，它与 x 轴的交点是（0，0）和（1，0）。

这个函数的导函数如下。

$$f'(x)=3x^2-4x+1=(3x-1)(x-1)$$

当 $x=1$ 与 $x=\frac{1}{3}$时，$f'(x)=0$。我们知道了单调增加与单调减小的区间，也就知道了函数图像的形状。

由二阶微分找拐点

$$f''(x)=6x-4$$

这个二阶导函数为 0 的点（也就是拐点）的横坐标是 $x=\frac{2}{3}$。如此，我们就可以完完全全地用表格把函数图像的特点清晰易懂地表示出来了。

由右页表格（叫作增减表）可以清楚地看出极值。所谓的“**增减表**”能方便地描述拐点和极值点处函数的值，以及函数图像的特征。表中画得奇奇怪怪的曲线箭头表示的是图像的形状，根据这个表就可以画出函数图像了。

三次函数画图

画出三次函数的图像

$$f(x) = x^3 - 2x^2 + x$$
$$= x(x-1)^2$$

与x轴的交点分别是（0，0）和（1，0）。下面我们求极值，并分析曲线的凹凸性。

$$f'(x) = 3x^2 - 4x + 1$$
$$= (3x-1)(x-1)$$

当$x = \frac{1}{3}$与$x = 1$时，$f'(x) = 0$

在此前后$f'(x)$的符号发生变化，所以在此两点上函数取到极值。

增减表 ★

x	…	$\frac{1}{3}$	…	$\frac{2}{3}$	…	1	…
$f'(x)$	+	0	−	−	−	0	+
$f''(x)$	−	−	−	0	+	+	+
$f(x)$	↗	$\frac{4}{27}$	↘	$\frac{2}{27}$	↘	0	↗

小提示

箭头画出曲线的概貌。★处曲线的形状发生变化。

检查！

当$x < \frac{1}{3}$或$x > 1$时，$f'(x) > 0$（单调增加）

当$\frac{1}{3} < x < 1$时，$f'(x) < 0$（单调减小）

判断$f'(x)=0$的点是否真的是极值点

满足$f''(x) = 0$的点是函数的拐点

$$f''(x) = 6x - 4 = 0$$
$$x = \frac{2}{3}$$

所以，$x = \frac{2}{3}$是函数的拐点。

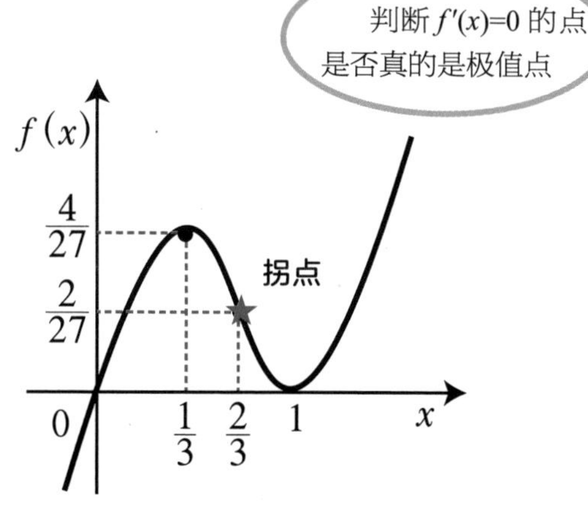

名垂数学史的日本人

计算圆的周长乃是数学史上非常吸引人的一个题目。早在古埃及时代，人们就开始了探索圆周率的漫长过程。

日本在江户时代发展起来的一种数学被称为“和算”，在当时备受推崇，代表人物是关孝和（约1640—1708）。

江户时代，数学是广受喜爱的娱乐活动，也在水田耕作、土木工程等方面发挥作用。在江户时代日本的数学教科书《尘劫记》中，记载着万、亿、兆等单位。

关孝和为了求出圆的周长，在圆里从内接正方形开始，边数逐渐加倍做内接正多边形，这样求得了3.141 592 653 5，小数点位数精确到了10位。然后，关孝和的弟子建部贤弘（1664—1739）发展了关孝和的研究成果，求得了圆周率小数点后41位的正确结果。当时和算家的努力真令人惊叹。

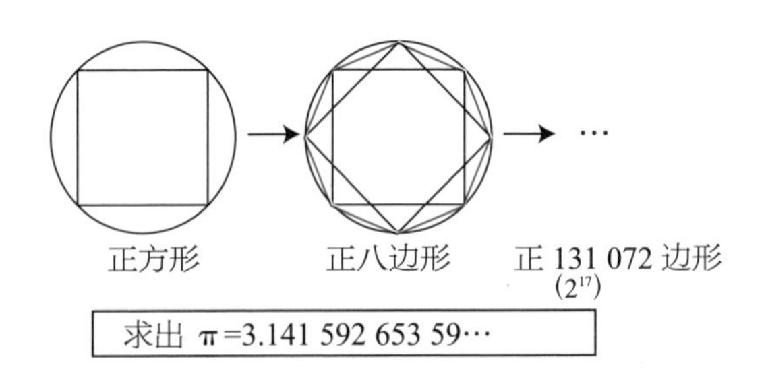

理解积分

细分之后的归总以及与微分的关联性

01

积分的思路历史悠久

积分的必要性

为了公平分割土地

现在我们开始讨论积分。在第 1 章里也提到了一些，积分的产生与古埃及文明有关。

古埃及文明由尼罗河孕育。每年雨季河水泛滥，洪水把上游的沃土源源不断地输送过来。洪水屡次泛滥，河流改道，河流两岸耕地的形状也随之变化。

如此一来，古埃及的人们就需要有把形状变化了的土地公平分配的办法，那就是用绳子把土地近似画成直线图形的方法。

使用这种方法能公平划分土地，但无法准确求得土地的面积。想要尽可能准确地求得面积，这个愿景要随积分的发展来实现。

首先是面积的计算

刚才我们稍微说了说面积的话题。但是，积分并不是计算面积专用的，除了可以用来计算不规则图形的面积，积分还有其他的用途。

如同第 1 章所言，积分是“细细切分，密密汇集”的技术。首先，我们从计算面积中感受一下吧。

积分的必要性

求复杂图形的面积

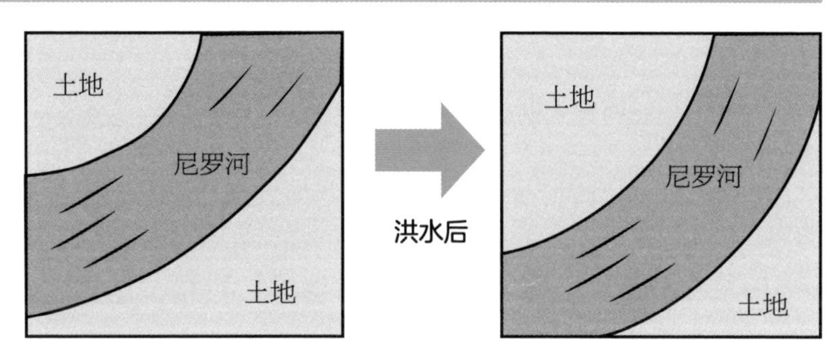

洪水过后，河道变化，土地的形状也随之改变，人们想公平地划分土地。

想要求得土地准确的面积，积分必不可少

想要用数学语言表达物体的面积和体积

实现这个的就是积分

02 精雕细琢，合成完璧
分割法

求河原的面积

我们之前学过的求面积的方法，都是求在小学里学到的长方形、三角形之类简单图形的面积。然而，世上的东西形状大多不简单。

尤其是洪水之后轮廓改变的土地，形状十分复杂，面积更加难求。那古人是怎样求土地的面积的呢？当然，求得完全正确的值太难了，只需要做到尽可能正确。这种思想就引出了以下方法。

具体的求法

为了接近需要求的面积，我们用与原图形近似的简单图形来求得相似的面积。首先，用大小近似的正方形把想求面积的部分盖住。当然原图形凹凸不平难免有空隙。现在就把空隙用适当的图形填进去。不是正方形也无妨，三角形、圆形之类能求面积的简单图形都可以。空隙填得越满，越能接近正确的面积。这样做就能使误差逐渐减小吗？我们后文再叙。请先注意下面的问题：作为求解其他面积的基础，我们得先知道填充图形的面积是否可以求出。你想是这样吧。测量同样的面积却得出两种以上的答案，那就是不对的。所以首先我们得好好确认一下。

分割法

填充简单图形

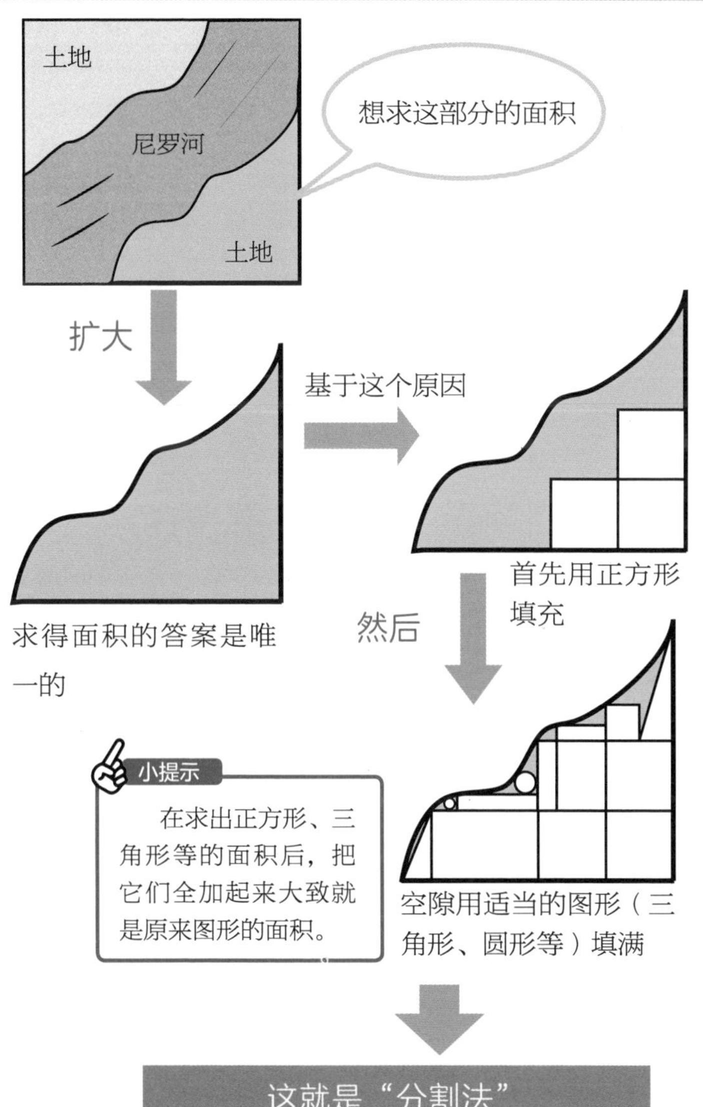

这就是"分割法"

03

撮略概要取其形，大而化小求面积

基于细分的分割法

全用正方形的分割法

前文我们讲了分割法的基本思路：用能求出面积的图形加以组合来求原面积。这个想法还挺自然的呢。若是找到由能求面积的图形构成的好组合，我们就能把复杂图形的面积求得几乎分毫不差。

我们尝试一个大胆的想法：小小误差，视而不见。对一个图形来说，用三角形来细分或用圆形来细分，想来实在麻烦，干脆全用正方形吧。作为代价，正方形必须切得非常小。我们很关心这么做究竟能否很好地近似原图形的面积。比如说，用边长为一半的正方形再试试。这样我们就能很接近实际面积了。

求面积的方法

现在我们还没求出实际的面积，但是有前景光明之感了。之后的问题是：无论什么都能用小正方形拼出吗？问题的根源是：无论什么都能拼出吗？我们要探究的是这个“思想”。思想，难上加难。比如说，写一篇妙趣横生的文章很难，写 100 个字就容易多了。后者不过是简单操作而已。为了求解难题，首先我们把难题拆解成简单操作。

用正方形的分割法

把正方形切小

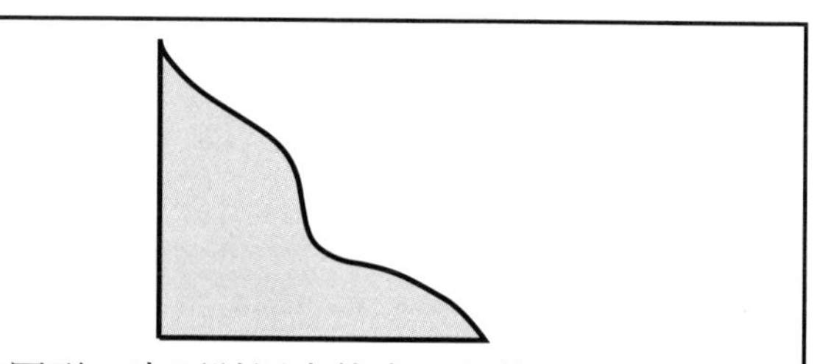

即使是复杂图形，也可以用由能求面积的图形构成的好组合把面积求得几乎分毫不差。

检查！ 小小误差，视而不见。

用分割法重复简单操作

只使用正方形来求面积

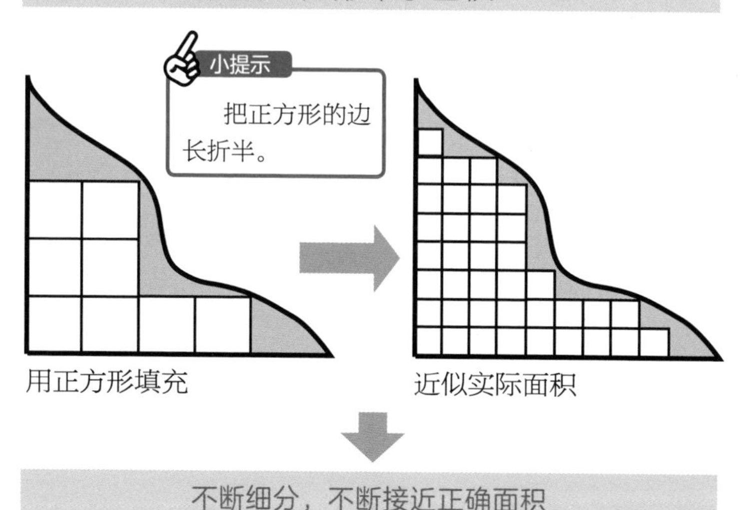

不断细分，不断接近正确面积

04

分割法里的极限思想

尽量细碎地划分

极限登场

前文中我们了解了把大正方形切分成小正方形的做法，下面顺着这个思路更进一步。

请看右页上的图。我们知道把大正方形切分成小正方形就更接近复杂图形的实际面积，“图形越小面积越准”的想法油然而生。这就跟第 2 章里极限的思路不谋而合。

极限的思路是，曲线在“局部”与直线并无区别。现在我们考虑面积，如果小正方形的大小接近“0”的话，那么所有小正方形面积的和就很接近实际图形的面积了。

近似面积

所以，我们使小正方形的面积尽量小，基于这个就可能求得复杂图形的面积。

既然决定了填充的基本单位（这里用正方形），我们就用填充的方式来求复杂图形的实际面积。

有些特殊图形（函数）是不能对误差视而不见的（数学家对这些特例兴趣十足），但是多数场合下用小的基本单位还是能让误差接近 0 的。

根据以上方法，我们来写出求复杂图形的面积的算式吧。

将正方形切成小块

极限的思路

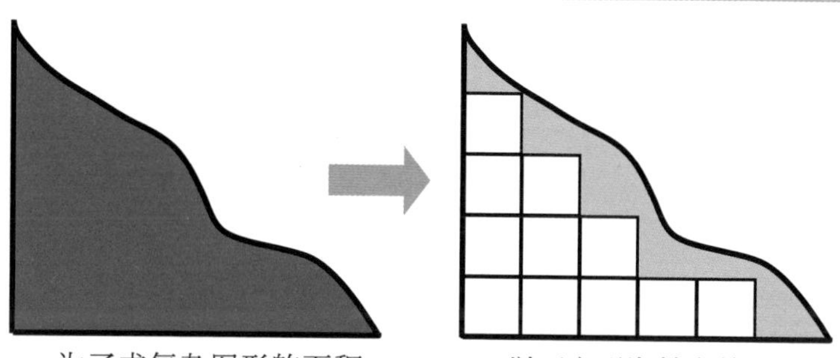

为了求复杂图形的面积，我们考虑基本单位（简单图形）

以正方形为基本单位来求实际面积

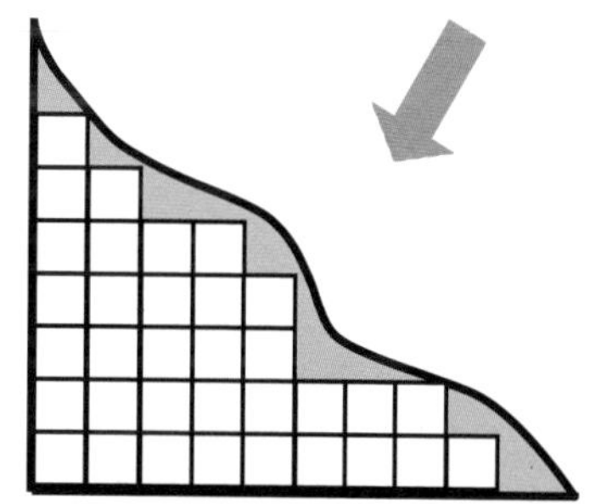

切成小正方形，所求结果更接近实际面积

检查！ 小正方形的大小无限接近 0 的话，结果就跟想求的面积无限接近了。

与极限的思路相同

$$\lim_{\text{小正方形的面积}\to 0} \text{全部小正方形的面积之和} = \text{想求的面积}$$

式子用数学语言表示就是这样。

05 以卷发为钥匙，开启计算之门

奈良大佛的体积

用算式表示大佛的体积

我们尝试用积分来表示大佛的体积。如右页所示，以如奈良大佛的发卷（可以看到大佛卷曲的头发，东大寺最初的大佛有 966 个发卷）那般大小作为基本单位来算。

这个基本单位的体积我们用 dv 来表示。用别的符号也可以。体积通常用 v（volume 的首字母）来表示，而 d（differential 的首字母）则表示小，合起来写作 dv。

这个 dv 整体是一个符号。然后，用 V 表示奈良大佛的体积，用发卷大小的基本单位将大佛填满。所有基本单位的体积（dv）的和就与奈良大佛的体积（V）相等。这就是右页所示式子的含义。

积分符号

dv 左侧的符号 $\int$ 叫作积分。

根据莱布尼茨先生的想法，把 Summation（求和）的首字母 S 伸长便得到了这个符号。$\int$ 的右下角可以写求和的范围。所以，在 dv 的左边写上积分符号 $\int$，符号的右下方写“奈良大佛”，这个就表示把基本单位的体积 dv 在奈良大佛的范围内累加起来的意思。

用积分求奈良大佛的体积

奈良大佛的体积是多少？

考虑用基本单位（dv）填充大佛的身体

检查！ 发卷的体积 =dv

求体积的算式

$$\int_{奈良大佛} dv$$

这就可以了！

先列好式子，解就是另外一回事了。列式时不必限制在可以计算的范围内。

06

套用适当的算式，体积计算水到渠成

世间万物无不可积

世间万物无非算式

我们用数学语言简简单单就表达了奈良大佛的体积。那么，牛久大佛的体积又如何呢？

$$\int_{\text{牛久大佛}} \mathbf{d}v$$

这就是了。那么，镰仓大佛呢？无论什么都可以哦。根据对象列好式子，无论什么都可以。但是，求解的过程又另当别论了。

奈良大佛的体积虽然可以简单地写出来，但是实际列出算式并不简单。说到数学上的技巧，可是很高深的。

使用“∫”这个符号，无论什么的体积都能表示，单从符号上来说毫无问题。数学上的思路就是“细细切割再全部求和”。

所以……积分的基础是求和

在学校里大概是这么教的：“要对 $f(x)$ 求积分，把 $f(x)$ 写在∫和 dx 之间就可以了。”通常，∫写在最前面，dx 写在最后面，这个没错。但是初学者对于“对 $f(x)$ 求积分→把 $f(x)$ 写在∫和 dx 之间”不能轻易理解。积分的基础是求和（∫）。谈到把什么求和，乃是 $f(x)$ 与 dx 相乘之积。作为结果，“写在中间”并不是说“写在中间就是积分”。

使用∫求积分

用算式简单地表达

求牛久大佛体积的算式

$$\int_{\text{牛久大佛}} \mathbf{d}\boldsymbol{v}$$

这样就能表示了

根据对象列好式子，无论什么都可以！

“∫”（积分）的含义是什么？

使用积分符号，什么体积都能轻易表示

检查！ 把目标细细切割，之后再全部求和。

07 发现开启积分新时代的思想

牛顿与莱布尼茨的发现

莱布尼茨的妙想

我们阐述了在积分里对微分计算的使用。使用微分这一妙想，乃是莱布尼茨的发现。

那么，我们看看莱布尼茨对积分计算究竟产生了多大影响。积分的计算本来是基于“极限”的计算而来，但是根据微分的思想，我们就能计算积分了，计算时间也大幅缩短。右页的算式表示简算的公式。式子看起来挺难，但顺着这个思路计算也不太难。请看具体示例。

算式的含义

右页的图像表示的是从东京出发乘坐新干线（译者注：连接日本全国的高速铁路系统）的时间与移动的距离。时刻 t 时的速度用 $f(t)$ 表示。$0\sim t$ 移动的距离用 $F(t)$ 表示，$F(t)$ 就是 $0\sim t$ 内 $f(t)$ 下的面积。用算式表示就如右页所示。现在，我们考虑时刻 t 开始的短时间 $\mathrm{d}t$ 内的情况。移动距离 $\mathrm{d}F(t)$ 就是这段时间内增加的面积。一方面，这个面积就是“速度 × 时间”，所以可以用 $f(t) \times \mathrm{d}t$ 来近似地表示。$\mathrm{d}t$ 就是近乎 0 而非 0 的一段时间，根据式子，适当变换变量。然后代入莱布尼茨公式。说到这个公式的含义，就是对函数 $f(x)$ 先求积分，再求微分，会回到它本身。

先求积分，再求微分，回到函数本身

莱布尼茨的大发现

● 乘坐新干线的时间与速度

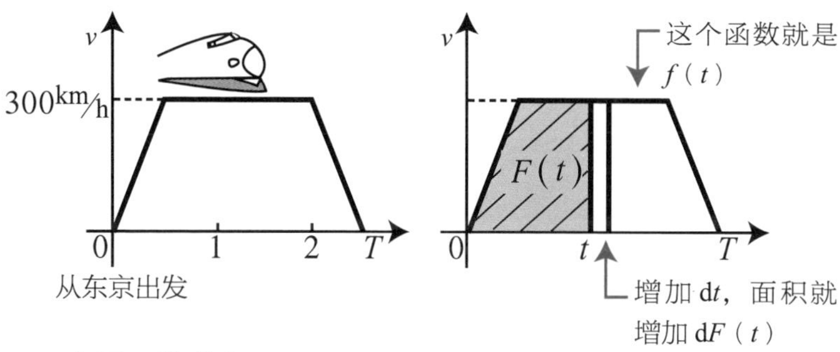

● 上图用算式表示

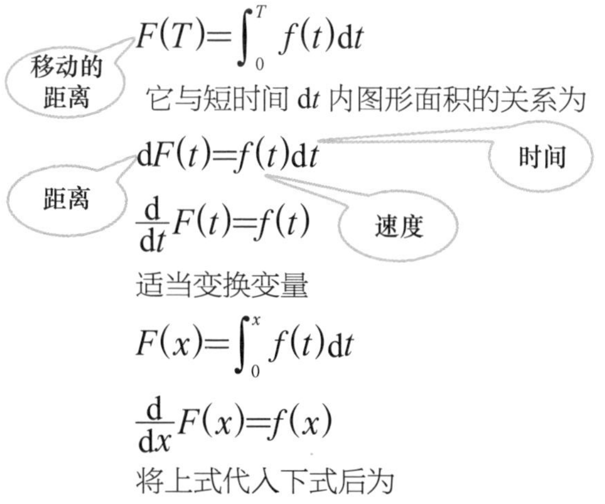

$$F(T)=\int_0^T f(t)\mathrm{d}t$$

它与短时间 dt 内图形面积的关系为

$$\mathrm{d}F(t)=f(t)\mathrm{d}t$$

$$\frac{\mathrm{d}}{\mathrm{d}t}F(t)=f(t)$$

适当变换变量

$$F(x)=\int_0^x f(t)\mathrm{d}t$$

$$\frac{\mathrm{d}}{\mathrm{d}x}F(x)=f(x)$$

将上式代入下式后为

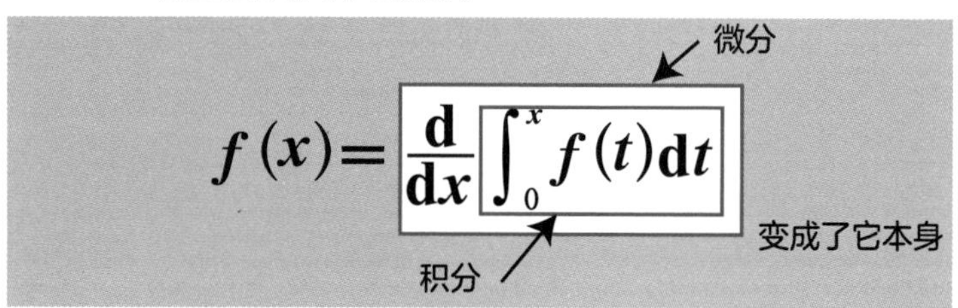

$$f(x)=\frac{\mathrm{d}}{\mathrm{d}x}\int_0^x f(t)\mathrm{d}t$$

微分之前的函数就是积分的函数

所谓原函数

莱布尼茨公式的含义

我们在前文了解到，对函数 $f(x)$ 先求积分、再求微分会回到它本身。积分的结果改写成 $F(x)$，对函数 $f(x)$ 求积分就成了 $F(x)$，对 $F(x)$ 求微分就变回 $f(x)$。下一个问题就是：对 $f(x)$ 求积分的结果是什么？怎样的 $F(x)$ 求微分能变成 $f(x)$？有这个想法不难理解。但是，心存疑虑的人也确有其理。其实，这里面有一个很突兀的假设前提，就是函数积分后的结果是一定的。总而言之，我们先认定这个假设。这样的话，想知道积分的结果，想探索谁求微分能变成 $f(x)$ 就有章可循。微分后变成 $f(x)$ 的函数［这里就是 $F(x)$］被称为 $f(x)$ 的原函数。

关于假设前提的问题

关于上述假设前提，在常见的函数范围内是正确的，但对于不常见的函数还未可知。这是怎么回事呢？我们可以试着比较黎曼积分与勒贝格积分，总而言之又是烦琐的长篇大论（所谓烦琐，对于爱好数学的人来说就是有趣，毕竟津津有味地挑战烦琐的拼图和塑料模型的也大有人在）。我们还不到钻研这个的时候。

原函数

所谓原函数

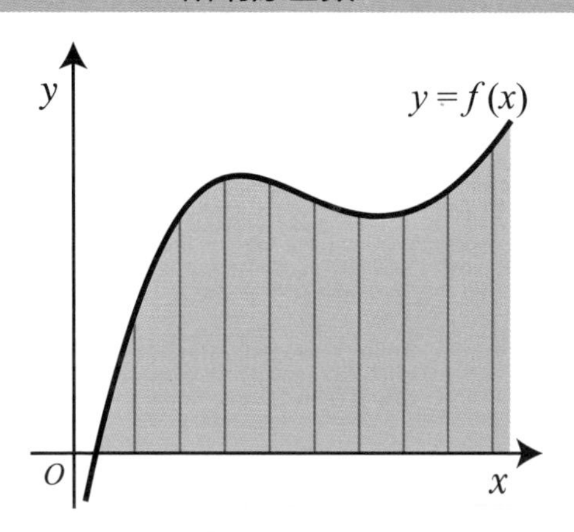

$$\int f(x)\mathrm{d}x$$

曲线下面积的表达式

知道要计算什么，具体怎么算还不知道

莱布尼茨的思想

“微分之后能变回 $f(x)$ 的那个函数，就是积分的答案。”

微分之后能变回 $f(x)$ 的那个函数叫原函数

所以，找到这样的函数就可以求积分。

09

微分之后变成初始的函数

导出积分公式

关于写法的问题

现在，我们开始学习积分的计算。不过关于之前谈到的原函数，我们还是再考虑一下。一般来说，相对于$f(x)$，我们把原函数写成$F(x)$。

积分后的函数写成大写了，不过这个大写也没什么特殊含义，就是学数学的人的共识，把原函数写成大写，仅仅是习惯而已。大写并没有逆运算的意思，只是约定俗成。求原函数才有微分的逆运算的意思。

积分的计算方法

微分的逆运算究竟是什么呢？前面提到过，就是对某个函数$f(x)$求积分，这里我们考虑一下微分之后变成$f(x)$的函数到底是什么。

比如我们试试看对$6x$求积分。什么函数求微分之后是$6x$呢？对x^2求微分之后是$2x$。好可惜，它们这么相近呢。那么，一开始就乘上3倍成为$3x^2$，再求微分就是$6x$了。在求微分时，x的次数成为系数，所以这个调整用乘法就可以实现。这样的话，如x^5的积分就是$\frac{1}{6}x^6$。前面需要乘$\frac{1}{6}$也是理所当然的。这样求得的通过求微分就变成$f(x)$的函数就叫作原函数。

积分的公式

利用微分公式求原函数

用算式表示

$$F'(x)=f(x)$$

使用微分公式

$$(x^n)'=nx^{n-1}$$

对这个式子的 n 加上 1

$$(x^{n+1})'=(n+1)x^n$$

$$x^n=\frac{1}{n+1}(x^{n+1})'$$

所以对$\frac{1}{n+1}x^{n+1}$ 求微分就变成 x^n，也就是

x^n 的原函数是 $\frac{1}{n+1}x^{n+1}$

例：求 $y=3x^2$ 的原函数。

$(\bigcirc)'=3x^2$，那么○究竟取什么呢？

根据公式我们知道，

当 $n=2$ 时，x^2的原函数是

$\frac{1}{2+1}x^{2+1}$。考虑到系数，对

$\frac{3}{2+1}x^{2+1}$ 做计算得到的 x^3 就是原函数。

最终，对 x^3 求微分能得到 $3x^2$，说明 x^3 就是答案。

10 原函数与不定积分的区别何在？
原函数与不定积分

原函数与积分

前文中有“前面提到过……”这么一段，在这里我们再次梳理这一部分。什么函数求微分能变成$f(x)$？答案就是原函数。

另一方面，人们还有过$f(x)$求积分会变成什么函数的疑问。在很长一段时间里，积分求的是什么，人们并不太清楚。把这两个问题联系起来的大事件，乃是莱布尼茨先生的发现——先积分，再微分，会回到函数本身。

据此，人们知道了从前以为另有玄机的原函数与积分其实并无分别，于是想要求积分，求原函数即可。这就是前文的结论。

定积分与不定积分

其实，上文写的积分在上述场合使用时的正确写法应该是“不定积分”，那是因为还有所谓“定积分”的概念。这里我们把不定积分暂时都写成积分。定积分之事留待后文说明。

原函数与不定积分

从前，原函数与不定积分“毫不相干”，然而，莱布尼茨认定它们“相同”。所以说，差别也只是出处的差别。因此，虽然我们一般不加区分地使用两者，但是在“对谁求微分可以得到这个函数”的上下文中，怎么说也得用原函数这个术语。

不定积分的思路

什么是不定积分

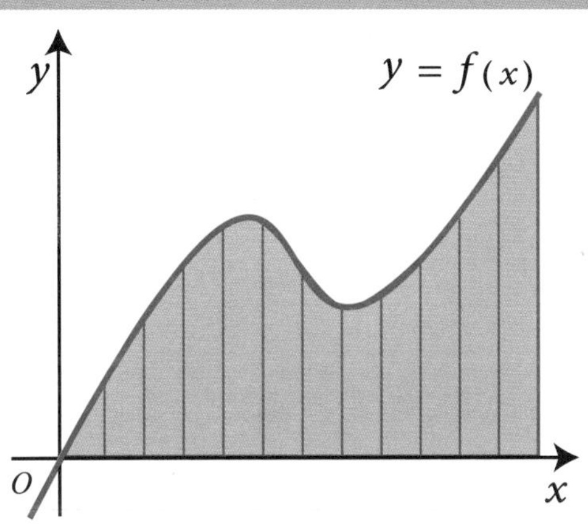

$$\int f(x)\,\mathrm{d}x$$

表示函数 $f(x)$ 的不定积分

原函数

但是为何另有他名?

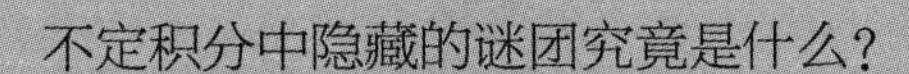

11 微分时会消去常数
答案不唯一？

关于原函数

其实，所谓的原函数并不是只有一个。简化的计算方法中含有陷阱。请看公式。

$$x^n \to \frac{1}{n+1}x^{n+1}$$

是这样吧。但是对原函数带上一个常数“+1”，结果又如何呢？例如右页中写的 $y = x^2+1$，$y = x^2-6$ 两个式子，对它们求微分的答案是相同的。所以所求的原函数要多少有多少。

我们稍微考虑一下微分法则。在对函数求微分时，常数的微分是 0。所以，积分时就不能不考虑常数部分了。对什么都没有的 0 求积分是怎么一回事呢？

原函数与不定积分

原函数与不定积分的说法不同而含义相同。但是“当 $f(x)$ 的原函数为 x^2+1 时，试求 $f(x)$”这个写法怎么样呢？这么写的话，原函数就不是不定的了。但是通常来说，对于原函数，大家用的都是“求微分就变成 $f(x)$ 的函数”的含义，其中就蕴含着常数的不确定性。

试对函数求积分

积分公式

积分公式

$$x^n \to \frac{1}{n+1}x^{n+1}$$

$y = 2x$ 的原函数是 $y = x^2$

但是

$y = x^2 + 1$	$y = x^2 - 6$
⋮	⋮
$y' = 2x + 0$	$y' = 2x - 0$

把这个消掉

检查！ 两边微分后都是 $2x$。

●问题在于常数

答案不唯一

常数有偏差

常数得预先确定

12

积分常数在不定积分里必不可少

C 究竟是什么？

不定积分的结果

前文我们讨论了关于例如“+1”之类的常数部分怎样表示的问题。这个常数部分用“C”来表示，叫作积分常数。C 就是 Constant（常数）的首字母。这样说来，究竟 C 有什么含义呢？我们在探究“积分后 $f(x)$ 变成了什么”的时候，发现答案并不唯一。我们已经学习过莱布尼茨的理论，知道“先求积分，再求微分，函数回到它本身”这回事，但是“先求微分，再求积分，回到函数本身”可不行。微分分析的是函数的“变化”，所以此时关于位置的信息（即常数）已经缺失。

不仅要写出 C，还要注明它是积分常数

我们通常用字母 C 来表示积分常数。但是，可不能不加说明就写出 C。在式子前后必须注明“C 是积分常数”。大多数人听到“咪咪”这个名字会想到“大概是猫吧”，但是也不能保证它一定就是猫。懂数学的人看到 C 会想到“大概是积分常数吧”。但即使是懂数学的人也会心存疑虑：“糟糕！ C 也不仅仅表示积分常数，到底是什么搞不清。”所以，在书写时一定要注明 C 是积分常数。请不要忘记。

C 就是积分常数

C 的意思是 Constant（常数）

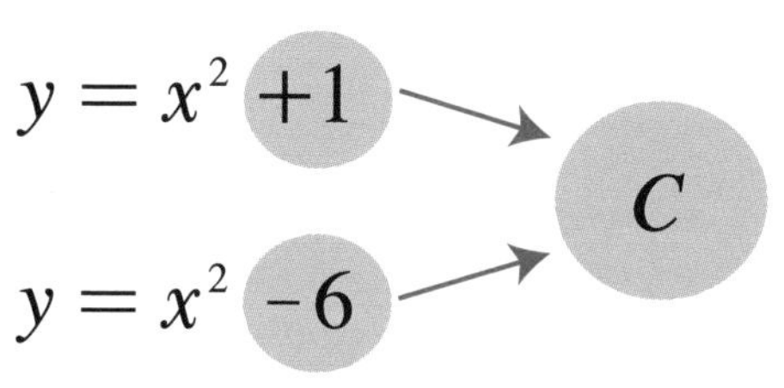

无论哪个常数都用符号“C”表示

● **在不定积分中**

$$\int f(x)\,\mathrm{d}x = F(x) + C \quad (C\text{是积分常数})$$

求不定积分时末尾要写上“$+C$”

关于积分常数 C 的规矩

对于含有 C 的式子一定仔细写好，C 必不可少

不定积分的末尾要带上 C

13

用图形来验证积分的计算

用积分求三角形的面积

建立面积公式

我们已经了解了积分的计算，现在试试看求三角形的面积吧。使用三角形面积公式可以让这个问题迎刃而解。积分是对本来没有面积计算公式的图形使用的。在我们尝试的阶段，对没有面积计算公式的图形求的结果是对还是不对，这个没法验证。现在，我们试求直角三角形的面积，验证通过积分与利用公式求得的结果是否相同。

这里我们考察两条直角边分别为 5 和 10 的三角形。当然面积就是 $5\times10\div2=25$ 了。

用符号标注积分的范围

我们把三角形的底边作为 x 轴，斜边作为函数图像来求积分。当 $x=5$ 时，高是 10，这符合“两条直角边分别为 5 和 10 的三角形”的条件。此时三角形的斜边就是函数 $y=2x$。

对于每个 x，高（即 y 的值）是 $2x$。设 x 的小幅变动为 $\mathrm{d}x$，变动的小竖条的面积就是 $2x\mathrm{d}x$。这个小竖条“从 0 取到 5”用符号 $\int_0^5$ 表示，那么三角形的面积 S 的计算公式如下。

$$S=\int_0^5 2x\mathrm{d}x$$

我们在下文会说明积分符号上下限数值的意义。

用积分求三角形的面积

求直角三角形面积的方法

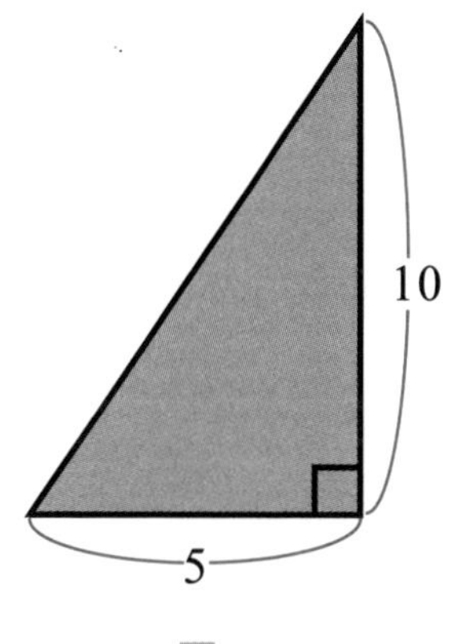

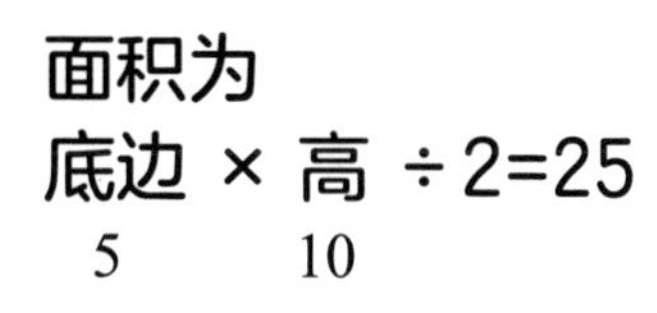

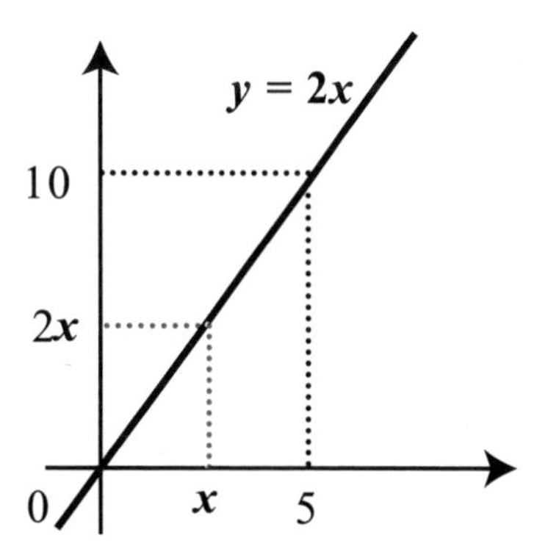

小竖条的面积是 $2x\mathrm{d}x$，表示 x 的值“从 0 取到 5”的式子如下。

$$\int_{x=0}^{x=5} 2x\mathrm{d}x$$

这就是三角形的面积。

14

指定范围，求得答案

求积分的数值

定积分

在积分符号的右下角和右上角写上数值，就可以指出积分是从哪到哪。有这种指示标记的积分叫作“定积分”。我们之前求的积分是没有指明具体范围的，那样的积分称为“不定积分”（以示与定积分的区别）。前面我们已经这样使用了，现在再对符号解释如下。

$$S=\int_{\text{从}a}^{\text{到}b}\text{累计的内容}$$

就是这样书写的。这个符号有点复杂，下面是“从哪开始”，上面是“到哪结束”。请比照减法的计算来直观理解一下。“从 30m 的一点到 100m 的一点，两点之间的差距是 70m”可以写成下式。

$$\begin{array}{r} 100 \\ -\ 30 \\ \hline 70 \end{array}$$

下面就是“从 30m 的一点”，上面就是“到 100m 的一点”。

代入原函数做减法

把 $f(x)$ 的原函数记作 $F(x)$，此时定积分 $S=\int_a^b f(x)\mathrm{d}x$ 就是 $F(b)-F(a)$ 的意思。

所谓定积分

什么是定积分

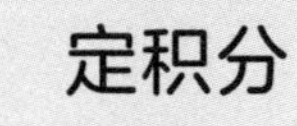

求指定区间内的面积

算式的写法

$$S = \int_{从a}^{到b}$$

想要累积的范围

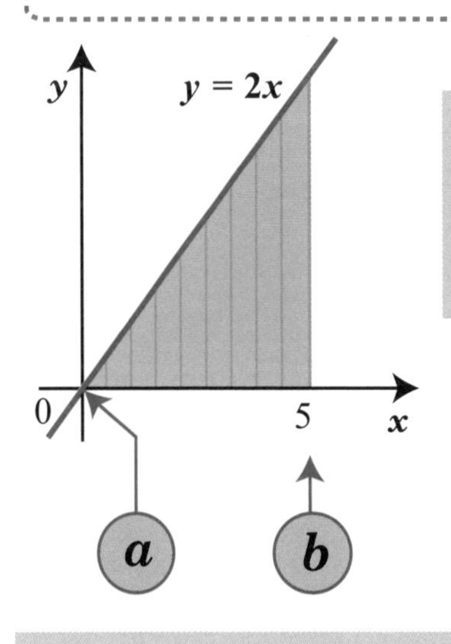

想要求从 0 到 5 之间的面积

$$S=\int_0^5 2x\mathrm{d}x$$

计算方法 $\int_a^b f(x)\mathrm{d}x$

$$=[F(x)]_a^b=F(b)-F(a)$$

15

确认积分计算的正确性

与三角形面积公式一致

列出算式

现在我们了解了定积分的计算方法，尝试如前文那样求三角形的面积。

如右页下图所示，三角形用函数 $y=2x$ 来表示。范围总的来说就是 0~5。我们试列如下算式。

$$S=\int_0^5 2x\mathrm{d}x$$

这样式子就列好了，便可用上页所示的计算方法来求面积。

殊途同归

我们使用积分的方法计算出来的面积是 25。与使用三角形面积计算公式计算的结果一致。这就对积分计算做了确认。如右页那样，先求得被积函数的原函数，再推移图像来表示三角形的面积也是可以的。

把数值代入上式，也可以轻易求得相似三角形的面积。把函数 $y=2x$ 变化一下，还可以求得其他三角形的面积。当然，其他的正方形和梯形等也可以据此求面积。只要函数明确了，面积就能求。

与三角形面积计算公式求出的结果一致

三角形面积计算公式与定积分殊途同归

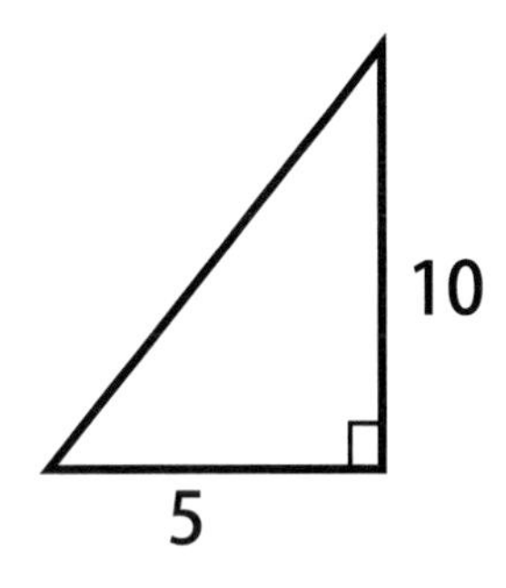

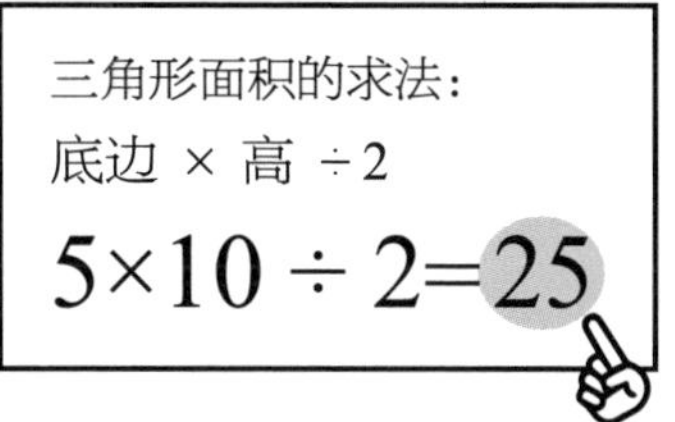

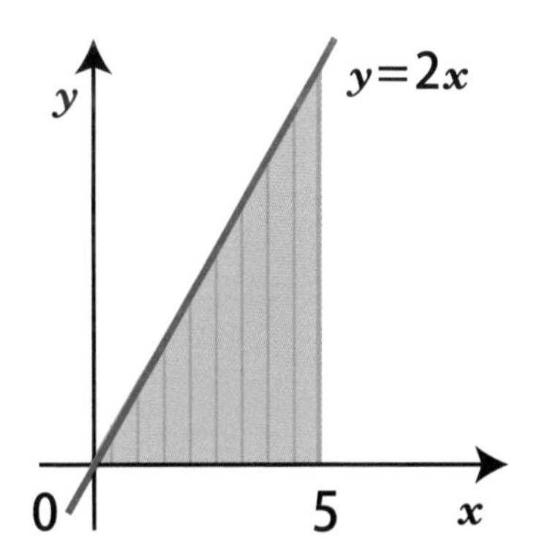

把 x=0 和 x=5 分别代入 y=2x 的原函数中，就可求得底边为 5 的直角三角形的面积。

算式可以写成：

$$\int_0^5 2x\mathrm{d}x$$

对上式求积分

$$S=\int_0^5 2x\mathrm{d}x$$

$$=[x^2]_0^5$$

$$=25-0$$

$$=25$$

结果一模一样

16

微分与积分真的是逆运算吗？

积分微分，表里一致

定积分中的积分常数

不定积分里出现的积分常数在定积分里并没有出现。我们说过，原函数是“对它求微分就变成给定函数的函数”。假设原函数是 ax^2+bx+C，因为有“求微分时常数消去”的性质，就发生了“许多函数求微分后变成同一个给定的函数”的现象 。

但是，这个“许多”的字眼里隐含着陷阱。特定的常数 C 是在求原函数时就决定了的。虽然 C 的取值有很多可能性，但求原函数时是独一无二的。定积分是首先求得原函数 $F(x)$（此时 C 已然确定），再计算 $F(b)$ 与 $F(a)$ 的值。把 b 代入原函数中可得 $F(b)$，同理可得 $F(a)$，然后做减法。这样，$F(b)-F(a)$ 时就把相同的常数项消去了。无论常数 C 是什么值都可以相互抵消。

微分与积分并非“完全的”逆运算

微分会把常数项消掉。一般来说，对某个式子“先求积分，再求微分”，会回到它本身，但是“先求微分，再求积分”就变不回它本身了。因为对函数求微分后，常数项被消去了。

定积分与积分常数的关系

在定积分中不管积分常数也无妨

单独求$\int 2x\mathrm{d}x$的话，也不知是 x^2、x^2+1，还是 x^2-5?

（对谁求微分会变成 $2x$ 呢？）

常数有千千万万个可能。这里我们用微分常数 C 来表示所有可能的常数，写成 x^2+C。

所以定积分

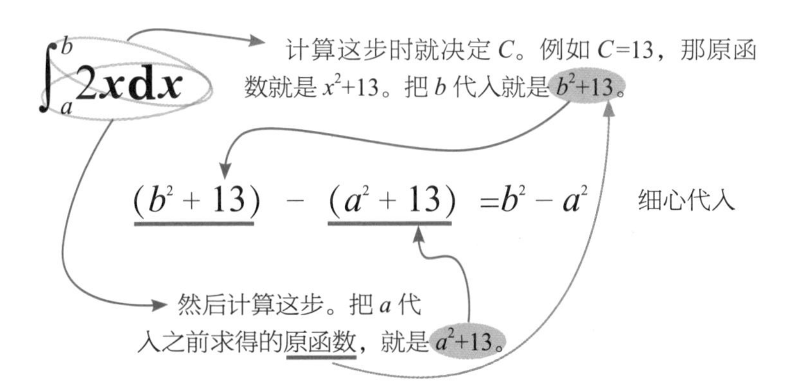

检查！ 虽然我们现在代入的是 13，但无论代入什么值常数项都会相互抵消。

在定积分里无须考虑积分常数。

17 对不是由直线围成的图形求面积

求二次函数下的面积

由曲线围成的图形的面积

由直线围成的图形的面积，通过我们之前的讲解，都可以同理求出。这与积分的计算别无两样。

现在，我们来求之前束手无策的由曲线围成的图形的面积吧。我们以右页所示 $y=3x^2$（二次函数）的图像在［3，8］内的面积为代表来求解。积分算式如下。

$$\int_3^8 3x^2 dx$$

首先，我们对这个二次函数求积分。求微分之后能变成 $3x^2$ 的函数就是 x^3。定积分的写法如右页所示。把 3 和 8 代入函数做减法即可。这个方法请牢记。

分析结果

上述计算求得的值是 485。把图形近似当成梯形，计算结果为 547.5。那与积分计算结果的误差是 62.5。把该图形作为简单的梯形来计算，与实际面积有大概 $\frac{1}{8}$ 的误差。曲线对面积的影响比想象的要大，所以我们切实感受到了积分的威力。我们再借此机会算算看吧。

求二次函数下的面积

求曲线下的面积

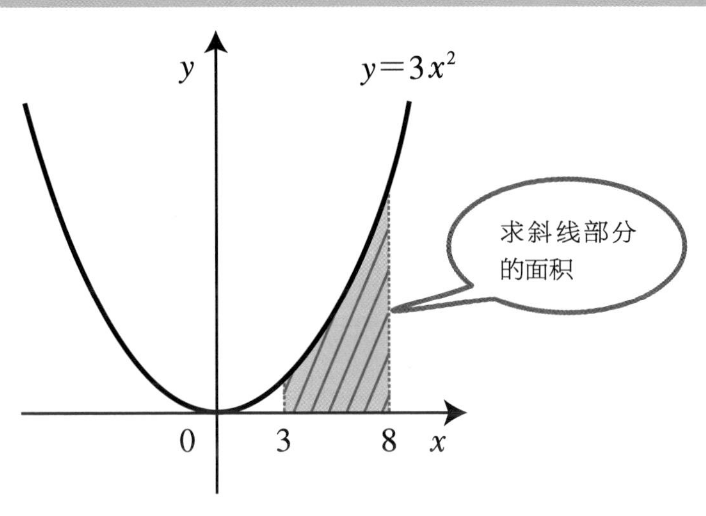

写成算式

$$\int_3^8 3x^2 dx = \left[x^3\right]_3^8$$
$$= 512 - 27$$
$$= 485$$

不要忘记把3代入

不要忘记做减法

检查！ 将图形中斜线部分的面积当作梯形计算出的数值与按定积分计算出的结果差异较大。

18 用函数求曲线之间围成图形的面积

求由曲线围成图形的面积

上面的曲线与下面的曲线

计算右页竖线部分曲线与曲线之间围成的面积稍微有点难，我们来试求一下。将右页的图像用两个函数来表示。

计算的方法是先求交点，再看图中画竖线的部分，对“**上面的函数**”减“**下面的函数**”的结果求积分即可。

为何是上面的函数减下面的函数呢？考虑求面积交叉的部分就好理解了。

根据上述计算方法，之前有些东西没必要写出来就省略了：以前我们求的面积就是 x 轴与函数图像围成的面积。

如果是“-0”，那么写与不写都不影响答案。但是因为现在这个图形是由函数围成的，还是有必要写成上面函数减下面函数的。

实际计算

首先是求交点。交点的求法就是把两个函数用“=”连接起来。所以，交点就是这两个函数都通过的点。在这里，$(-1, 2)$和$(2, -1)$就是交点。

交点的 x 值框定了积分的范围，也就是说积分的范围是 -1~2。计算出来所求图形的面积是 9。

曲线与曲线围成图形的面积

求由曲线与曲线围成图形的面积

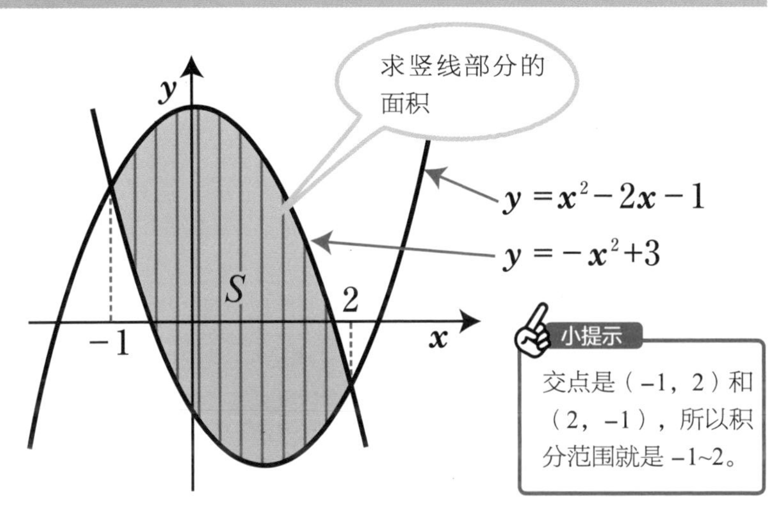

小提示

交点是（−1，2）和（2，−1），所以积分范围就是 −1~2。

图像上

表示的是求两个函数共有部分的面积

上 − 下

$$S=\int_{-1}^{2}\left[(-x^2+3)-(x^2-2x-1)\right]dx$$

$$=\int_{-1}^{2}(-2x^2+2x+4)dx$$

$$=\left[-\frac{2}{3}x^3+x^2+4x\right]_{-1}^{2}$$

$$=\left(-\frac{16}{3}+4+8\right)-\left(\frac{2}{3}+1-4\right)$$

$$=9$$

检查！ 可以先做减法再求积分，也可以各自求积分后再做减法。

19

迄今学过的积分计算集锦

积分计算小练习

使用迄今学过的方法

为了熟悉积分计算，我们来做一些练习。

$$f(x)=4x^3-8x$$

$$g(x)=8x$$

求由上面两个函数围成图形的面积。首先画出图像，$f(x)$ 的图像就是三次函数的图像，这对于求微分必不可少。但是现在画图并不是目标，知道 $f(x)$ 的大概形状就可以了。如右页所示，知道了函数与 x 轴的交点就知道了图像的大概形状。

画好图像后，下一个问题就是求三次函数与一次函数的交点。把函数用“=”连接起来，再用因式分解就能求出交点的坐标。知道交点的 x 坐标后就可以求积分了，所以现在我们不需要求 y 坐标。

求积分

求得了交点的 x 坐标分别是 -2、0 和 2。交点有 3 个，表明函数图像相交了 3 次。这里我想说的是，画好图像可以帮助我们理解三次函数与一次函数的相交情况。最后我们还需要分割处理区间。

稍微求点积分（练习）

好好理解要领

求 $\begin{cases} f(x)=4x^3-8x \\ g(x)=8x \end{cases}$ 围成图形的面积。

●画出图像

$$f(x)=4x^3-8x$$
$$=4x(x^2-2)$$
$$=4x(x-\sqrt{2})(x+\sqrt{2})$$

检查！ 与 x 轴的交点的横坐标是

$-\sqrt{2},0,\sqrt{2}$ 。

知道了这个，就可以画出图像的大概形状。

●求交点

$$4x^3-8x=8x$$
$$4x^3-16x=0$$
$$4x(x-2)(x+2)=0$$

因此，交点的横坐标就是

检查！ $x=0,\ 2,\ -2$

$$\int_{-2}^{0}(4x^3-8x-8x)\mathrm{d}x+\int_{0}^{2}(8x-4x^3+8x)\mathrm{d}x$$
$$=\int_{-2}^{0}(4x^3-16x)\mathrm{d}x+\int_{0}^{2}(-4x^3+16x)\mathrm{d}x$$
$$=[x^4-8x^2]_{-2}^{0}+[-x^4+8x^2]_{0}^{2}$$
$$=-16+32-16+32=32$$

20

用数学语言刻画拉面碗

用算式来刻画器物

回转体的表达式

接下来，我们用积分来求体积。一个拉面碗大概有多大的容量呢？如果手边有这么一个碗，把水倒进去测量一下就行了。这样求得的值称为**实验值**。相对而言，用数理方法计算出来的容积称为**理论值**。能测量出实验值的话当然最省事，但是世上还有无法测量的东西呢。水坝内蓄的湖水量一般来说也能测量，但是它的实验值与理论值并不相等。我们来一睹理论值的求法吧。首先是观察容器。容器的形状各式各样，我们可以考虑把它看作近似的几何体。大多数拉面碗与其说是半球形，不如说是纺锤形。这样的话，我们考虑把拉面碗纵剖，断面可看作二次函数曲线。请设想一下制作陶器的模具的样子，把二次函数曲线用算式表达出来，设为$y=\frac{1}{2}x^2$。

积分的方向

那么，这个由二次函数曲线沿对称轴旋转而成的几何体的体积怎么求呢？方法有好几个，我们尝试其中最简单的，就是考察这个几何体的水平截面。通过观察可以得到截面是一个圆，观察这个截面，从表示纵截面的二次函数里我们读取到“横截面圆的半径”的信息。对于每个y，对应的截面圆的半径是$\sqrt{2y}$。

列出算式

用数学语言刻画拉面碗

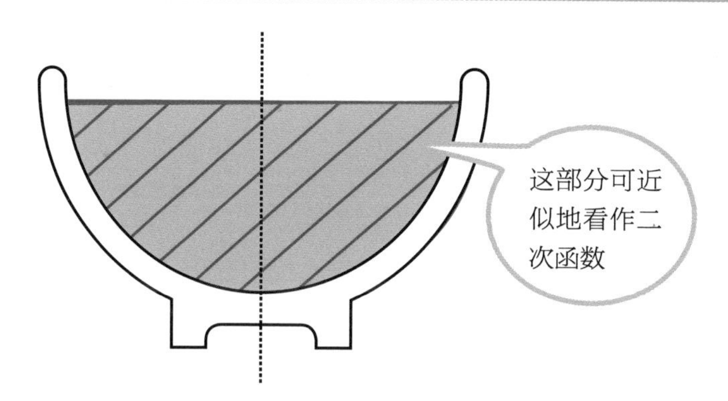

拉面碗的截面图

用数学语言来简化。

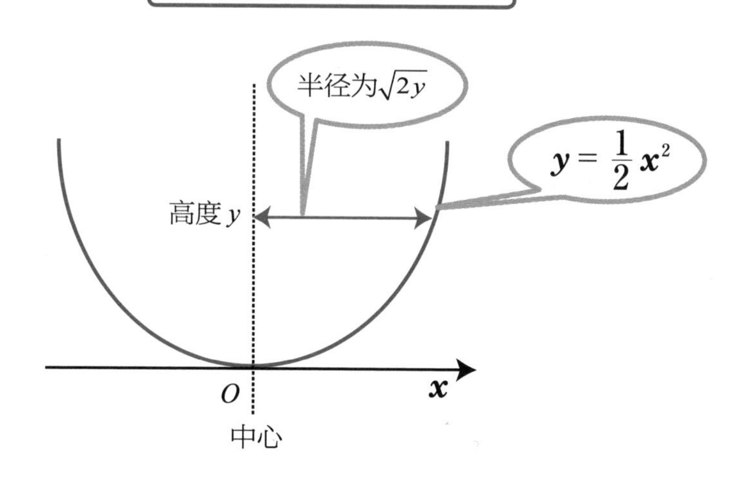

21

怎样用数学语言通过图像刻画器物

用数学语言表达器物的体积

半径的表达方法

前文中我们把半径写成$\sqrt{2y}$。要说为何这样做，乃是积分有方向的缘故。“dx”里的“x”就表示积分是朝着 x 的方向。所以说，我们在此之前讨论的积分没有不是沿 x 轴方向的。如此说来，我们可以不假思索地在最后加上一个 dx，这毫无问题。

现在的问题是，积分不是沿 x 轴方向而是沿 y 轴方向的。因为想要求的是体积，先把几何体切成薄片，逐个求出体积，再累加到一起，就能求出几何体的体积。例如一张扑克牌那样的卡片，厚度薄之又薄，体积微不足道。但是如果把全部 54 张牌摞在一起，就是厚厚一叠。对应到现在的容器问题，就是要**把这些薄片沿 y 轴的方向堆叠起来**。

截面的堆叠

想要求体积，就必须用函数来表达截面的面积。如果能求得这个函数，再对它求积分就能求得体积了。

在下一节中我们将说明截面面积的函数是怎样求的。如果读者能掌握这种方法，积分计算就更容易了。

写出容器体积的表达式

堆叠截面，得到体积

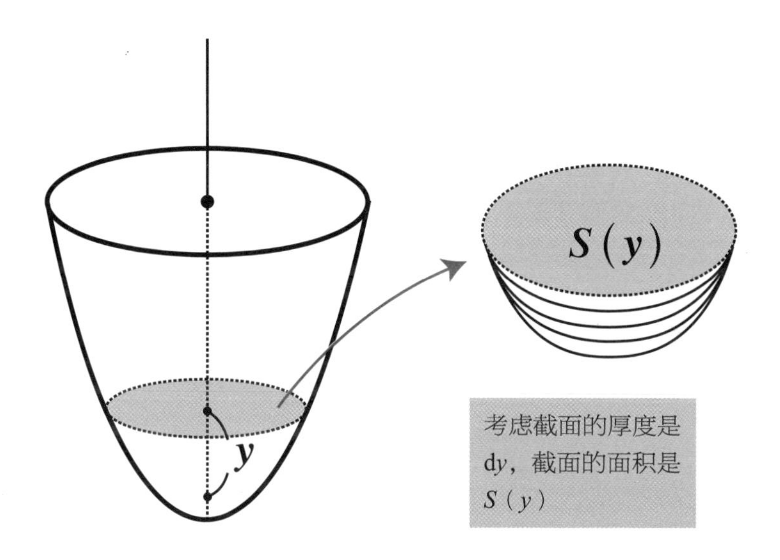

容器体积的表达式

如果把容器的体积写成 V

$$V = \int_a^b S(y)\,dy$$

把薄片 $S(y)\,dy$ 沿 y 轴的方向从 a 累积到 b。

检查！ 求体积时找到截面面积的函数表达式是必不可少的。

22

先求函数，再谈答案

求截面的面积

截面面积的函数

适当使用学过的思路，求表示截面面积的函数，我们立刻尝试一下吧。首先，我们知道在适当的位置把容器水平切开，截面是一个圆。无论在哪个位置切，切出的截面都是圆，只是大小不同。表示指定半径圆的位置的函数就是$y=\frac{1}{2}x^2$。如右页图所示，如果半径是x，就可以用上述式子求得面积。

如果截面的面积是$S(y)$，根据圆的面积的计算公式可得，$S(y)=\pi x^2$。

截面面积的表达式

上面说了截面的面积是$S(y)=\pi x^2$。把$y=\frac{1}{2}x^2$代入该式，右边关于x的式子就变成了关于y的式子。直接代入计算就好。这样一来，截面面积的公式就简化成了$S(y)=2\pi y$。

现在，我们要沿y轴的方向求积分。所谓y轴方向的积分，实际上就是加上一个表示沿y轴方向小幅移动的dy，对这个薄片求体积，再全部累积起来就求得了整体的体积。现在这个$S(y)$能够写成y的函数，倒是很凑巧。

虽然这次我们能将关于y的函数改写成简单的形式，但是现实中很多函数是不能改写的，甚至连“不可积分”的函数都有呢。

试求面积

截面面积的函数

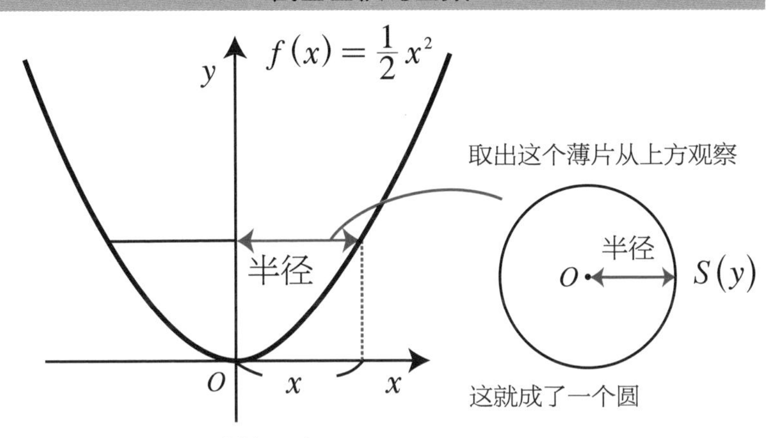

根据圆的面积计算公式

$$S(y)=\pi x^2$$

半径的 2 次方

检查！ 因为最终要沿 y 轴的方向求积分，就必须将 x 用 y 来表示。

因为 $y=f(x)$

即$y=\frac{1}{2}x^2$

$2y=x^2$

所以

$$S(y)=\pi x^2$$

小提示

把 $S(y)$ 改写成关于 y 的式子。

$$S(y)=2\pi y$$

23 就知拉面有多少

已知拉面碗的大小

计算方法不变

我们已经把积分的算式列好了，接下来就用定积分计算各种体积。因为都是对 dy 求积分，计算方法万变不离其宗，按常规方法进行计算就好。因为 π 是常数，把 2π 当成一个数来处理是毫无问题的。

假设容器的深度是 15，y 的取值范围就是从 0 取到 15，再把原函数代入计算。0 代入还是 0，这个并无实际含义。计算结果就是 225π。

如果圆周率取 3.14，体积的数值就是 706.5。如果单位取 cm，碗里拉面的体积就是 706.5cm^3，也就是 0.7065L。这样答案就出来了。

吃拉面时想到的

我们吃拉面时要是像刚才那样浮想联翩，说不定连拉面也味同嚼蜡。但是确实有各式各样的器物可以根据积分来求体积。

我们刚才举了身边积分计算的例子。虽然积分计算的含义清晰易懂，但是计算本身能做到什么地步，与微分的关系如何，还需要我们花费一些脑力去寻求答案。我们在做积分计算的时候，不妨把具体的对象换成自己喜欢的东西来思考，说不定就好理解了。

试求体积

拉面碗的体积

$$V = \int_a^b S(y)\,\mathrm{d}y$$ 把值代入此式

$$= \int_0^{15} 2\pi y\,\mathrm{d}y$$

$$= \left[\pi y^2\right]_0^{15}$$

$$= 225\pi - 0$$

$$= 225\pi$$

当 π 取 3.14 时，

拉面碗的体积即为 706.5cm^3，约 707cm^3

707cm^3 = 0.707L

因此拉面碗里约有

的拉面。

24 把现实中的事物翻译成数学语言的方法

确认积分计算的过程

积分计算的一系列操作

面对这个问题，我们试想难点究竟在哪儿，那就是“前提假定”。确定了表示截面面积的函数，对它求积分，答案就出来了。是不是这么想的呢？因为起手太难了，即使是技艺娴熟的人也得动动脑筋。确认前提假定的要点在于，因为目标是求体积，用来积分（= 累加）的就是“微小体积”，所以这里就有了“截面的面积 × 极薄的厚度”的表达式。仔仔细细列好算式，后续只要在现实背景上计算即可。

寻找切片的好方法

对于求体积的问题，如果“切片方法”改变了，难度就变了，你可能会无从下手，一筹莫展。这次是沿 y 轴的方向切片，为的是获得圆形截面，这样计算最简单。如果沿着 x 轴的方向切片就相当棘手了。

现在我们求的是抛物线旋转出来的回转体的体积，虽然很麻烦，但是尽力的话还是能够用积分的知识求出的。在练习中如果你曾经挑战过难题，那么对高考中做微积分相关的题目或许有帮助。

不过，一般做题时是要从寻找使后续计算尽可能简单的切片方法开始的。如果从一开始就预判失误，会给计算增添麻烦，形成恶性循环。所以从最开始就要牢牢把握目标，寻找最简单的切片方法。

确认计算过程

积分计算的过程

提出问题

列出算式

求积分范围

求原函数

分析答案

求碗里堆了多少面

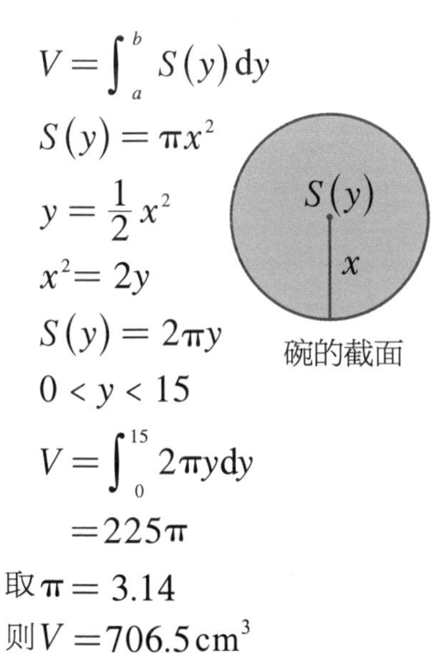

$$V=\int_a^b S(y)\,\mathrm{d}y$$

$$S(y)=\pi x^2$$

$$y=\frac{1}{2}x^2$$

$$x^2=2y$$

$$S(y)=2\pi y$$

$$0<y<15$$

$$V=\int_0^{15} 2\pi y\,\mathrm{d}y$$

$$=225\pi$$

碗的截面

取 $\pi=3.14$

则 $V=706.5\,\mathrm{cm}^3$

约0.7L

25

以积分道出“玄机”

推导三棱锥的体积计算公式

三棱锥的体积计算公式内藏玄机

在积分章节的最后，我们尝试推导三棱锥的体积计算公式。三棱锥的体积计算公式是底面积 × 高 × $\frac{1}{3}$。

这个$\frac{1}{3}$是怎么来的呢？我们解释三角形的面积公式底边 × 高 × $\frac{1}{2}$ 里的$\frac{1}{2}$时，说的是把两个相同的三角形组合到一起就成了平行四边形。对于三棱锥来说，虽然体积上 3 个三棱锥的体积相当于一个三棱柱的体积，但是 3 个相同的三棱锥无论如何也拼不成一个三棱柱。

用积分推导三棱锥的体积计算公式

就像之前测算拉面碗的体积一样，我们把高度为 x 处切出的截面的面积用算式来表达。这里高从 0 取到 h。若底面积记作 S 的话，因为横截面都是一些相似三角形，在高度为 x 处，横截面的面积是 $S\times\left(\frac{x}{h}\right)^2$。计算从 $x=0$ 到 $x=h$ 之间的积分就得到了三棱锥的体积。

$$\int_0^h S\cdot\left(\frac{x}{h}\right)^2\mathbf{d}\boldsymbol{x}=\frac{S}{h^2}\left[\frac{1}{3}x^3\right]_0^h=\frac{S}{h^2}\cdot\frac{1}{3}h^3=\frac{1}{3}Sh$$

求得体积是$\frac{1}{3}Sh$，与公式不谋而合。这里方便起见就写三棱锥了，其实圆锥也好，四棱锥也好，无论什么“锥”都是这个结果。x^2 的积分是$\frac{1}{3}x^3$，因此三棱锥的体积计算公式里就出现了$\frac{1}{3}$。

理解三棱锥的体积计算公式

各种锥体体积的计算公式照此类推

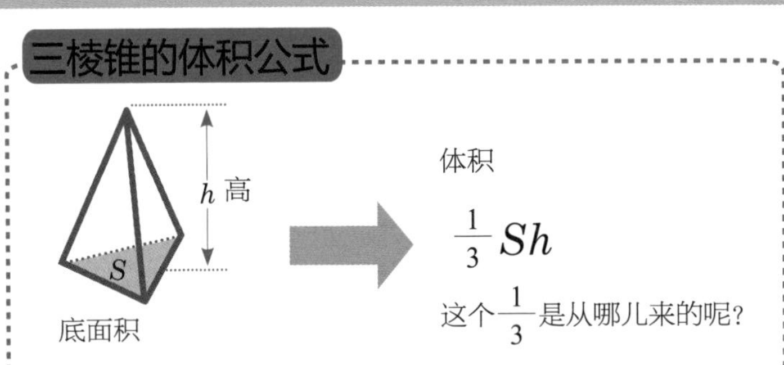

不规则锥体截面相似

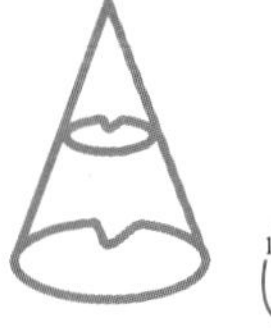

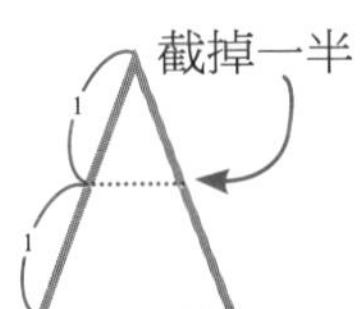

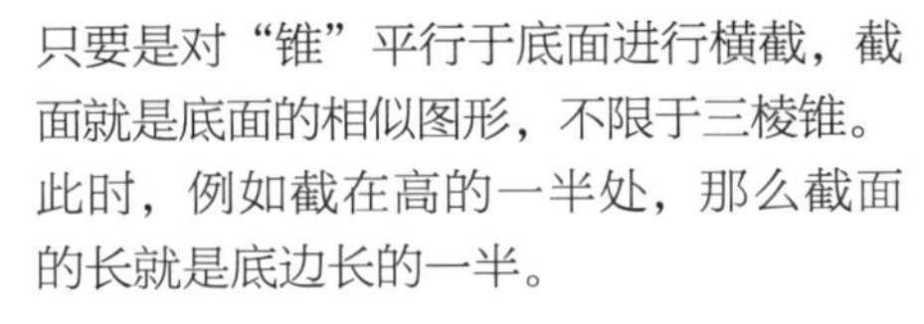

只要是对“锥”平行于底面进行横截，截面就是底面的相似图形，不限于三棱锥。此时，例如截在高的一半处，那么截面的长就是底边长的一半。

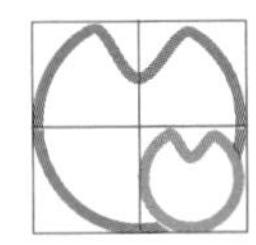

如果长度是$\frac{1}{2}$

那么面积就是$\frac{1}{4}$

长是$\frac{1}{2}$的话，面积就是$\left(\frac{1}{2}\right)^2=\frac{1}{4}$。

x 从 0 变到 h，x 的高和长就变成整体高度和长度的$\frac{x}{h}$，所以面积就是整个面积的$\left(\frac{x}{h}\right)^2$。

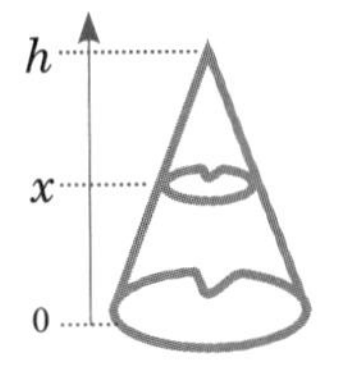

若底面积是 S 的话，高为 x 处的横截面的面积就是$S\cdot\left(\frac{x}{h}\right)^2$，计算从 $x=0$ 到 $x=h$ 之间的积分

$$\int_0^h S\cdot\left(\frac{x}{h}\right)^2 \mathbf{d}\boldsymbol{x}=\frac{S}{h^2}\left[\frac{1}{3}x^3\right]_0^h=\frac{S}{h^2}\cdot\frac{1}{3}h^3=\frac{1}{3}Sh$$

结果与三棱锥的体积计算公式相同。

圆锥也好，四棱锥也好，无论什么“锥”都是这个公式。

原来这个$\frac{1}{3}$来自积分呀！

26

积分的最后一课

关于积分

对积分的理解

我们在讲解积分的道路上一直疾驰到此。解决积分的方法要依靠“找原函数”的大量经验，因而我们在方方面面都能感觉到积分要比微分难。其实对积分的这个理解是正确的。世上的函数有无数种，能够求出原函数的函数仅限于多项式、三角函数、指数函数等，大多数函数是求不出原函数的。

我们在升学考试中遇到的题目大多数是看上去能求出原函数的函数，所以如果绞尽脑汁还求不出原函数可不行。但是，这并非积分的本质。

对于拉面碗的容积问题，可以用函数的组合近似求解，但是自然界中有些圆拱形状的物体用图形表现出来后，无法用积分求出它们的体积。实际上，不求原函数也可以利用积分求体积，这就是所谓数值积分的方法。

我们可以求薄片的体积，再把这些数值加起来。虽然这种操作对手工作业来说很难，但借助电脑之力就简单多了。求原函数并不是积分的真义。细细切分、密密汇集乃是积分。

事实上，我们还是应该尽可能地去探索原函数，虽然进行积分并不是在找原函数。顾名思义，原函数是表示本质的函数，所以见原函数即见根本，以原函数为出发点，可以探寻得更深。数学乃是探寻本质的学问。

积分部分小结

关于积分

细细切分、密密汇集的方法

能求面积，亦能求体积

对“谁”求解

就对“谁”细分

积分的本质很难理解。如果力有不逮，尽己所能就好。

细细切分、密密汇集=数值积分

其中也有能用求原函数的方法解决的问题。

虽然中学课本中以能求出原函数的问题为主，但整体上能用求原函数的方法解决的问题还是很少的。但是……

只要会求多项式的积分，一通百通。

功不唐捐。

图书在版编目（CIP）数据

微积分的奇幻旅程 /（日）大上丈彦著 ；张诚译
. -- 北京 ：人民邮电出版社，2020.2
（欢乐数学营）
ISBN 978-7-115-52506-2

Ⅰ. ①微… Ⅱ. ①大… ②张… Ⅲ. ①微积分－青少年读物 Ⅳ. ①O172-49

中国版本图书馆CIP数据核字(2019)第258805号

版权声明

◆ 著　　[日]大上丈彦
译　　张　诚
责任编辑　李　宁
责任印制　陈　犇

◆ 人民邮电出版社出版发行　北京市丰台区成寿寺路 11 号
邮编　100164　电子邮件　315@ptpress.com.cn
网址　http://www.ptpress.com.cn
三河市中晟雅豪印务有限公司印刷

◆ 开本：880 × 1230　1/32
印张：4　　2020 年 2 月第 1 版
字数：100 千字　　2025 年 1 月河北第 25 次印刷
著作权合同登记号　图字：01-2019-3098 号

定价：35.00 元

读者服务热线：(010)81055410　印装质量热线：(010)81055316
反盗版热线：(010)81055315
广告经营许可证：京东市监广登字20170147 号